Z-126

AKADEMIE DER WISSENSCHAFTEN UND DER LITERATUR

Abhandlungen der
Mathematisch-naturwissenschaftlichen Klasse
Jahrgang 2004 • Nr. 2

**Jörn Thiede gemeinsam mit Lothar Eißmann,
Rolf Emmermann, Dietrich Herm, Eugen Seibold,
Robert F. Spielhagen, Karl Hans Wedepohl,
Dietrich H. Welte, Matthias Winiger**

Geowissenschaften und die Zukunft

Wissensbasierte Vorhersagen, Warnungen,
Herausforderungen

Beiträge des Interakademischen Symposions
vom 3. – 5. September 2003

D1728766

Geographisches Institut
der Universität Kiel

AKADEMIE DER WISSENSCHAFTEN UND DER LITERATUR • MAINZ
FRANZ STEINER VERLAG • STUTTGART

Das Interakademische Symposium „Geowissenschaften und die Zukunft" wurde vorbereitet durch Vertreter der Geowissenschaften aus allen deutschen wissenschaftlichen Akademien.

Die Durchführung wurde finanziell ermöglicht durch Mittel der Akademie der Wissenschaften und der Literatur, Mainz, und der Zentren der Helmholtz-Gemeinschaft Alfred-Wegener-Institut für Polar- und Meeresforschung, GeoForschungs-Zentrum Potsdam und Forschungszentrum Jülich.

Inv.-Nr. ,A.23618.....

Geographisches Institut
der Universität Kiel
ausgesonderte Dublette

Bibliografische Information Der Deutschen Bibliothek

Die Deutsche Bibliothek verzeichnet diese Publikation in der Deutschen Nationalbibliografie; detaillierte bibliografische Daten sind im Internet über <*http://dnb.ddb.de*> abrufbar.
ISBN 3-515-08569-6

© 2004 by Akademie der Wissenschaften und der Literatur, Mainz

Alle Rechte einschließlich des Rechts zur Vervielfältigung, zur Einspeisung in elektronische Systeme sowie der Übersetzung vorbehalten. Jede Verwertung außerhalb der engen Grenzen des Urheberrechtsgesetzes ist ohne ausdrückliche Genehmigung der Akademie und des Verlages unzulässig und strafbar.

Umschlaggestaltung: die gestalten. Joachim Holz, Mainz
Druck: Druck Partner Rübelmann, Hemsbach
Gedruckt auf säurefreiem, chlorfrei gebleichtem Papier

Printed in Germany

Inhalt

Inhalt

Die Mainzer Thesen

des Interakademischen Symposiums (3.–5. September 2003)
in der Akademie der Wissenschaften und der Literatur in Mainz
GEOWISSENSCHAFTEN UND DIE ZUKUNFT
(Wissensbasierte Herausforderungen, Warnungen, Vorhersagen)

Die Thesen beleuchten die Ursachen und Wirkungen natürlicher Veränderungen des Erdsystems und fordern vorsorgende Handlung durch und gesellschaftliche Verantwortung für die Geowissenschaftler. Dies können die Geowissenschaftler jedoch nur im engen Verbund mit Ingenieuren, Ökonomen, Soziologen und vielen anderen Wissenschaftsdisziplinen leisten, denn das Erdsystem muss nicht nur verstanden, sondern auch gesteuert werden, wo dies irgend möglich ist.

2002 wurde in Deutschland das Jahr der Geowissenschaften begangen, dessen großer Erfolg durch die Faszination der schnellen Erfolge unserer Erforschung des Systems Erde und ihrer Vermittlung an eine breite Öffentlichkeit aus Politik, Industrie, Verwaltung und Ausbildungssystemen sichergestellt wurde. Die Mainzer Thesen zu GEOWISSENSCHAFTEN UND DIE ZUKUNFT sollen ein Beitrag der Geowissenschaften zu einer Diskussion über die Rolle der Geowissenschaften in der Zukunftssicherung sein, der sich die Akademien mit ihrer Fächervielfalt und mit ihren langfristig ausgerichteten Forschungsperspektiven gemeinsam mit Universitäten, außeruniversitären Forschungseinrichtungen und staatlichen geologischen Diensten stellen müssen. Die Mainzer Thesen sind von Teilnehmern des Symposiums verfasst worden mit dem Ziel, eine Bilanz zu ziehen für das Jahr der Geowissenschaften und wichtige Erkenntnisse aus diesem bisher einmaligen Ereignis für die Zukunft umzusetzen. Sie geben Anlass zur Definition der Konsequenzen, der Selbstbesinnung und des Nachdenkens für die Zukunft der Geowissenschaften in Deutschland und Europa.

1. Das System Erde muss als Gesamtheit betrachtet werden

Geoprozesse sind sehr komplex und vielfältig miteinander verknüpft. Nur wenn man diese Prozesse versteht, kann man die zunehmende, z. T. schädliche Einflussnahme des Menschen sinnvoll korrigieren und schonend lenken. Den Geowissenschaftlern erwächst hieraus eine immense Verantwortung!

2. Aus der Erdgeschichte lernen

Die Verteilung von Land und Wasser, die Form der Kontinente und Ozeane, Gebirge, Tiefland und Klimazonen haben sich in der Erdgeschichte ständig, z. T. sehr schnell verändert. In der öffentlichen Wahrnehmung aber wird so getan, als ob der uns bekannte und vertraute irdische Lebensraum etwas Konstantes sei. Die Erdgeschichte liefert uns jedoch viele Beispiele langsamer, Jahrmillionen dauernder und schneller, teilweise katastrophaler Veränderungen und Ereignisse (Klimaänderungen, Erdbeben, Vulkanausbrüche, etc.), die es zu verstehen gilt, um gerüstet zu sein. Die Geowissenschaften können und müssen besonders verwundbare Erdregionen definieren und Maßnahmen zur vorsorgenden Betreuung ausarbeiten.

3. Die Zukunft voraussagen

Die Geowissenschaften haben aus der geologischen Vergangenheit gelernt und können heute auf methodischer Basis, Naturbeobachtung, Experiment, numerischen Prozess-Simulationen sehr viele komplexe Naturprozesse verstehen und dadurch innerhalb gewisser Grenzen wissensbasierte Vorhersagen wagen. Dieses Potential muss zum Nutzen der Gesellschaft gepflegt und ausgebaut werden.

4. Exakte Vorhersagen von Hochwässern sind schwierig, noch mehr von Vulkanausbrüchen. Sie sind derzeit noch unmöglich bei Erdbeben.

Vorsorge vor Naturkatastrophen geht von regionalen Risikokarten für eine vernünftige Planung bis hin zu baulichen Maßnahmen und behördlichen Baurichtlinien, von der Aufklärung der Bevölkerung bis zu Alarmplänen. Es ist ein schwer zu erklärendes Phänomen, dass alle dies einsehen und dass allgemein bekannt ist, in welchem Missverhältnis allein die Kosten dieser Maßnahmen zu den dann eintretenden riesigen Schäden stehen, dass aber der Schock einer Katastrophe meist nicht lange anhält und nicht viel geschieht. Behörden bis hinunter in die Gemeinden, wie auch Einzelne, hoffen, dass es bei einem Jahrhundertereignis bleibt. Wir dürfen hinsichtlich der Vorsorge trotzdem nicht nachlassen, auf Vernunft zu setzen.

5. Trotz aller Möglichkeiten einer Verdichtung der Besiedlung und einer Erhöhung der Nahrungsproduktion stoßen wir schon jetzt durch die steigende Vermehrung der Bevölkerung an Grenzen für ein menschenwürdiges Leben.

Im Jahr 1800 lebten rund eine Milliarde Menschen auf der Erde, 1900 eineinhalb, 1950 schon zweieinhalb und derzeit sechs. Die Bevölkerungsdichte in Deutschland stieg seit 1800 gleichfalls um das sechsfache, von rund 40 Einwohnern pro qkm auf rund 230. Selbst wenn die weltweite Bevölkerungszunahme zurückgehen wird, werden dramatische Folgen nicht ausbleiben. Das Potenzial der Erde für menschliches Leben ist begrenzt. Die nutzbaren Flächen können nur marginal und unter hohem Energieaufwand ins Meer hinaus, in unwirtliche oder katastrophengefährdete Gebiete hinein, oder durch Hoch-/Tiefbauten erweitert werden.

6. Die Rohstoffe der Erde sind begrenzt.

Die Erde versorgt uns mit dem Boden, auf dem wir leben, mit der Luft, die wir atmen, mit dem Wasser, das wir trinken, und mit den Rohstoffen, die wir für das Leben brauchen. Die Aufsuchung und Gewinnung von Rohstoffen, insbesondere von Kohlenwasserstoffen und Metallen, ist notwendig. Sie erfordert eine weitsichtige strategische Planung im Sinne einer umweltverträglichen und kostengünstigen Bereitstellung. Die Kooperation von Geowissenschaftlern mit der Industrie und Gesellschaft ist hier gefragt. Rohstoffforschung und -nutzung erfordern strategische Planung und verändern in vielen Bereichen die Umwelt.

7. Wohlstand für alle? Sicherheit für alle? Die Geowissenschaften setzen Grenzen!

Unser westliches ökonomisches System ist darauf angelegt, den Wohlstand durch stetiges Wirtschaftswachstum zu fördern. Das bedeutet trotz aller Bemühungen im Endeffekt erhöhten Energiebedarf und intensivere Nutzung vieler Bodenschätze. Dieses kontinuierliche und sogar sich beschleunigende Wachstum muss deshalb früher oder später an Grenzen stoßen. Alle unsere relevanten Reserven sind – für unsere Belange außer der Sonnenenergie und der Erdwärme – endlich. Die Konsequenzen müssen vor allem und auch sofort die Industriestaaten ziehen: Sie müssen beginnen, bescheidener zu leben. Eine utopische Forderung? Vielleicht wird sie einmal durch Katastrophen erzwungen. „Sicherheit für alle" ist keine Utopie; sie ist unmöglich. Die natürliche Umwelt ändert sich ständig, mehr noch die vom Menschen beeinflussten Änderungen bringen sowohl Chancen als auch Risiken.

8. In den Industriestaaten werden wir durch das Denken in Kurzfristen beherrscht.

Fließbandtakt, Stundenplan, Terminkalender, Jahresabschluss, Wahlperioden diktieren weithin unser Planen und Leben. Technische und wirtschaftliche Innovationen überschlagen sich und sind damit das gerade Gegenteil von Nachhaltigkeit. Wir leben in einer „Zivilisation der Ungeduld" und kommen in den global rund um die Uhr präsenten 24-Stundentagen gar nicht mehr zum Nachdenken über Jahrzehnte hinaus. Antworten auf viele unsere Umwelt betreffende und für uns existenzielle Fragen bedürfen jedoch einer langfristigen Untersuchung und der Schaffung entsprechender Datenbasen. Kurzfristige Sichtweisen und Reaktionen ohne grundlegende Kenntnisse der natürlichen Systeme bergen die Gefahr eher kontraproduktiven Handelns. Die Geowissenschaften sind wie kein anderer Zweig der Naturwissenschaften mit langfristigen Entwicklungen vertraut und daher prädestiniert, den Verlauf vieler Umweltveränderungen abzuschätzen und den politischen und gesellschaftlichen Entscheidungsträgern Hilfestellung zu leisten.

9. Geowissenschaften und Bildung

Die Geowissenschaften müssen sich als Einheit betrachten und gegenüber der Gesellschaft öffnen. Die Gesellschaft, wir alle, leben auf der einen, selben Erde, die wir verstehen müssen. Dieses Verständnis muss, um wirksam im Sinne eines „Erdmanagements" umgesetzt zu werden, bereits in der Schule aufgebaut und gepflegt werden. Das Verständnis für Geoprozesse beruht zu einem guten Teil auf den Erkenntnissen und Methoden der Chemie, Physik, Mathematik und Biologie, die in der Ausbildung stärker betont werden sollten. Der Unterricht in den Geowissenschaften kann nicht nur im nationalen Kontext betrachtet werden, sondern muss ohne Zweifel in enger Zusammenarbeit mit anderen (nur europäischen?) Nationen gestaltet werden.

Begrüßung

Clemens Zintzen

Meine Damen und Herren,

ich begrüße Sie heute hier zu einem Symposion GEOWISSENSCHAFTEN UND DIE ZUKUNFT, das sozusagen als abschließendes und nachdenkliches Resümee zum abgelaufenen Jahr der Geowissenschaften heute abgehalten wird, und ich heiße Sie in der Akademie der Wissenschaften und der Literatur, Mainz, herzlich willkommen.

Mein Gruß gilt an erster Stelle dem Vertreter der Bundesministerin für Bildung und Forschung, Herrn Reg. Dir. Ollig. Sie werden nachher selbst das Wort ergreifen, ich möchte aber betonen, dass es in diesem Fall, wie generell für die Wissenschaft, wichtig ist, wenn die für politisches Handeln Verantwortlichen in Verbindung zur Wissenschaft sich befinden und auch ernsthaft Anteil an den Gedanken und den Ergebnissen der Forschung nehmen. Insofern begrüße ich es auch ausgesprochen, dass im Rahmen des Symposions der Minister für Wissenschaft, Forschung und Kunst des Landes Baden Württemberg, Herr Staatsminister Frankenberg, sich selbst aktiv in dieses Symposion mit Vortrag und Diskussion einbringen wird. Es hat, wie wir alle erfahren, wenig Sinn, wenn die Wissenschaft mit ihrer Kompetenz Probleme ausfindig macht und sie gewissenhaft erforscht, die Umsetzung in die tägliche Praxis aber nicht geschieht. Unsere Welt ist nicht durch Denken alleine zu retten, sondern nur dann, wenn Denken und gefundene Erkenntnisse Hand in Hand gehen mit einer sie umsetzenden Praxis. Insofern begrüße ich es ausdrücklich, wenn bei einem Symposion, dessen Ergebnisse uns alle angehen, die Politik, deren Aufgabe das Handeln ist, hier anwesend ist; so heiße ich willkommen: Herrn Ministerialdirigenten Dr. von Osten vom Ministerium für Umwelt und Forsten des Landes Rheinland Pfalz, den Präsidenten des Landesamtes für Umweltschutz, Herrn Dr. Roter, und Herrn Prof. Gebert, den Vertreter der Stadtratsfraktion der SPD.

Die Wissenschaft ist naturgemäß hier heute breit vertreten: so begrüße ich mit besonderer Freude den Präsidenten der Bayerischen Akademie der Wissenschaften, Herrn Nöth. Wir sind uns völlig einig darin, wie wichtig es ist, dass die Akademien die in ihren Reihen versammelte Kompetenz nutzen, um Grundfragen, die unsere Gesellschaft betreffen, auch anzugehen und die Ergebnisse dann an die Politik zu vermitteln. Mit Freude heiße ich auch den Vertreter der Johannes Gutenberg-Universität Mainz, Herrn Vizepräsidenten Prof. Preus, hier willkommen.

Das Symposion wird ausgerichtet von dem Forschungszentrum für marine Geowissenschaften der Christian-Albrechts-Universität zu Kiel und dem Helmholtz-Zentrum Alfred-Wegner-Institut für Polar- und Meeresforschung in Bremerhaven. Beigezogen sind Mitglieder aus dem Kreis der deutschen Akademien der Wissenschaften, aber eben auch Wissenschaftler außerhalb dieses engeren Bereiches. Es kommt bei solchen Sachfragen ja alleine auf die Kompetenz an, und nicht auf die Mitgliedschaft in einer Institution. Die Organisation der Veranstaltung lag in den Händen unseres Mitgliedes Hrn. Thiede, der ja zugleich der Projektleiter des von der Mainzer Akademie im Rahmen des Akademienprogramms betreuten Vorhabens „Frühwarnsysteme für globale Umweltveränderungen" ist. Ihnen, lieber Herr Thiede, und Ihrer ganzen Crew von Mitarbeitern danke ich herzlich für die geleistete Arbeit und wünsche Ihnen einen guten Erfolg in diesen Tagen. Schließlich heiße ich alle Vortragenden hier willkommen. Sie, die Vortragenden und Diskutanten, sind sozusagen die Pferde, die den Karren hier ziehen sollen: So begrüße ich Sie alle und wünsche Ihnen klare Erkenntnisse und gute Gespräche.

Meine Damen und Herren, „Wissensbasierte Vorhersagen, Warnungen, Herausforderungen" lautet der Untertitel dieses Symposions; damit ist der Kreis umschrieben, was hier geleistet werden soll: „Wissensbasierte Vorhersagen" stellen die Ergebnisse exakter Forschungen dar, sie sind die Grundlage für alle weiteren Folgerungen. Solche Folgerungen zeigen sich als Warnungen vor kommenden, vorhersehbaren Ereignissen und Entwicklungen, und schließlich sind die Ergebnisse von Forschungen und die daraus resultierenden Warnungen eine Herausforderung an uns alle: an die Wissenschaft, exakte Erkenntnis zunehmend zu gewinnen; an die Gesellschaft, sich bewusst zu werden, wo wir in unserer Welt und mit unserer Umwelt stehen; an die politisch Verantwortlichen, die Ergebnisse verlässlicher Erkenntnisse umzusetzen und zu handeln, wie die Sache es gebietet, und eben nicht erst die mahnenden Erkenntnisse der Wissenschaft dem

11

durch Lobbyismus getrübten Plebiszit einzelner Gruppen und Parteiungen zu unterwerfen.

Worum es geht, wird in den Vorträgen dieses Symposions deutlich werden. Unsere Gesellschaft neigt dazu, einer Tendenz, die im Menschen generell verankert ist, nachzugehen, indem sie die gezogenen Grenzen überschreitet und mit einer gewissen Verantwortungslosigkeit gegenüber der Zukunft nur auf das gegenwärtige Wohlbefinden achtet. Ich brauche nur als Eckdaten zu nennen die Bevölkerungsexplosion im letzten Jahrhundert und die Verknappung der Ressourcen. Diese beiden Faktoren entwickeln sich dynamisch sowohl durch natürlich Prozesse wie durch menschliche Einwirkung; sie beeinträchtigen unsere Lebensgrundlage und verlangen einfach ein Nachdenken und eine Reaktion. Dieses Symposion soll die Entwicklungen, die Gefahren und die geforderten Lösungsmöglichkeiten aufzeigen.

Solche Fragen, die auf die Langfristigkeit von Entwicklungen abzielen, sind in einer Akademie am rechten Platz: Akademien sind Orte, an denen langfristige Projekte, die die Arbeitskraft und in einigen Fällen auch die Lebenszeit eines einzelnen Wissenschaftlers überschreiten, manchmal mühsam durch Jahrzehnte hindurch bearbeitet werden; ebenso sind Akademien Orte, an denen Grundfragen und Probleme, die auf unsere Gesellschaft mittel- und langfristig zukommen, unter Beiziehung aller Kompetenz durchdacht werden. Ein solches Problem steht heute hier bei diesem Symposion zur Behandlung an, und man kann leicht erkennen, wie die Thematik dieser Tagung verbunden ist und herausgewachsen ist aus dem Akademievorhaben von Herrn Thiede: Frühwarnsysteme für globale Umweltveränderungen. Es ist daher auch sofort einsichtig, dass im so genannten Akademienprogramm auch besonders geartete naturwissenschaftliche Projekte ihren Platz haben müssen. Es sind dies meist Vorhaben, bei denen Langzeitbeobachtungen durchgeführt werden.

Ich wünsche Ihnen allen gute Erkenntnisse bei diesem Symposion und einen langfristigen Erfolg bei der Umsetzung dessen, was Sie hier erarbeiten.

BMBF-Grußworte zum Interakademischen Symposium
GEOWISSENSCHAFTEN UND DIE ZUKUNFT

Reinhold Ollig

Sehr geehrter Herr Akademiepräsident Professor Zintzen,

meine sehr verehrten Damen und Herren,

im Namen des BMBF bedanke ich mich für die freundliche Einladung und bei Ihnen, Herr Professor Zintzen, für die freundlichen Grußworte.

Ich kann Ihnen versichern, dass Bundesministerin Bulmahn diesen Termin sehr gerne wahrgenommen hätte, denn Veranstaltungen dieser Art gehören zu den angenehmen Aufgaben einer Bundesministerin. Deshalb ist es mir besonders leicht gefallen nach Mainz zu kommen, denn schließlich setzt Ihr interakademisches Symposium GEOWISSENSCHAFTEN UND DIE ZUKUNFT den Schulterschluss der geowissenschaftlichen Disziplinen fort, der im „Jahr der Geowissenschaften" die Grundlage des Erfolges war.

Bevor ich fortfahre, möchte ich mich Ihnen kurz vorstellen. Mein Name ist Reinhold Ollig. Ich bin im Bundesministerium für Bildung und Forschung u.a. für die Forschungsförderung im „System Erde" zuständig. Dieses umfasst die Geowissenschaften sowie die Meeres- und Polarforschung. Zu dem Aufgabenspektrum gehört auch die Zuständigkeit für die großen HGF-Einrichtungen AWI und GFZ, die sich mit geowissenschaftlicher Forschung beschäftigen. Insofern komme ich der Bitte der Veranstalter sehr gerne nach, im Rahmen meiner Grußworte auch unsere Wahrnehmung vom „Jahr der Geowissenschaften 2002" vorzutragen. Diesen Eindruck haben wir auch dem Deutschen Bundestag in einem Bericht übermittelt. Sie können diesen auf der Internetseite www.planeterde.de einsehen.

Die interdisziplinäre Erforschung des „Systems Erde" steht heute mehr denn je im Mittelpunkt geowissenschaftlicher Forschung. Die Erde ist der Lebensraum des Menschen, er ist unser aller Lebensgrundlage. Insofern müssen die Geowissenschaften bei aktuellen Fragen unserer Gesellschaft mitreden, z.B. in der Umweltforschung, der Klimaentwicklung, der Rohstoff- und Desasterforschung ebenso wie bei der Nutzung und dem Schutz des unterirdischen Raums.

Dieses war im BMBF im Grunde genommen allen Beteiligten klar, als Frau Bulmahn das Jahr 2002 zum Jahr der Geowissenschaften ausgerufen hat. Zur Erinnerung: die Vorjahre waren der Physik und den Lebenswissenschaften gewidmet. Die ersten drei Wissenschaftsjahre haben sich sehr erfreulich entwickelt. Das öffentliche Interesse und Engagement der beteiligten Wissenschaftscommunities hat ständig zugenommen.

Die Idee eines Geo-Jahres ist jedoch von vielen Organisationen, Hochschulen, Ämtern, Kommunen, Forschungseinrichtungen, vor allem den Medien und nicht zuletzt den Wissenschaftlerinnen und Wissenschaftlern so engagiert aufgegriffen worden, wie wir dieses nicht zu hoffen wagten. Es ist im wahrsten Sinne des Wortes ein „Flächenbrand für Wissenschaft im Dialog" entstanden. Für diese engagierte Gemeinschaftsleistung gilt allen Beteiligten – insbesondere der Wissenschaft – unser herzlicher Dank.

Die überragende Resonanz der Bevölkerung auf die Veranstaltungen im Jahr der Geowissenschaften hat allen gezeigt, dass die Öffentlichkeit ein echtes Interesse an georelevanten Themen hat. Sie versteht, dass diese Forschung für die Menschen zentrale Bedeutung hat. Für die Geowissenschaften in Deutschland ergibt sich damit die Chance und auch die Verpflichtung, dem Interesse der Bevölkerung nach mehr Informationen und nach mehr Dialog mit den Forschern auch in Zukunft verstärkt Rechnung zu tragen.

Lassen Sie mich an dieser Stelle eines klarstellen: Wissenschaft und Forschung hat auch früher schon die Öffentlichkeit informiert. Dieses ist aber meist im Rahmen eines „dies academicus" in Hörsälen und Wissenschaftszirkeln erfolgt. Die Idee im „Jahr der Geowissenschaften" war aber dadurch geprägt, dass die Wissenschaft aus ihren Labors herauskommt und den Dialog mit der Bevölkerung dort sucht, wo die Menschen sind und wo diese Menschen angesprochen werden können. Das waren Marktplätze, Bahnhöfe, Einkaufstraße etc. Neu war auch die Einschaltung von PR-Experten, Graphikern, Designern, Wissenschaftsjournalisten etc. Dieses hat neuen Schwung in den Wissenschaftsdialog gebracht.

In dem Dialog mit der Bevölkerung gilt es damals wie heute, das Bewusstsein zu wecken, dass belastbare Vorhersagen und Zukunftskonzepte für den Planeten Erde erst aus dessen erdgeschichtlicher Vergangenheit durch geowissenschaftliche Forschung abgeleitet werden können. Erst durch die gezielte Erforschung der Erde als ganzes im Sinne einer „Erdsystemforschung" können wir unseren Planeten als Lebensraum verstehen, ihn nutzen und schützen und damit künftigen Generationen auch vernünftige Lebensbedingungen erhalten.

Deshalb müssen sich die Geowissenschaften mit ihren unterschiedlichen Disziplinen als Einheit verstehen und geschlossen auftreten. Spitzenforschung, angewandte Forschung und Berufsgruppen mit geowissenschaftlicher Ausbildung müssen sich vor der Öffentlichkeit in gleicher Augenhöhe präsentieren; „Corporate Identity" ist gefragt. Der geschlossene Auftritt der deutschen Akademien hier in Mainz macht schließlich auch den besonderen Reiz ihrer heutigen Veranstaltung aus und ich würde mir wünschen, dass Sie daran in Zukunft festhalten.

Die Geowissenschaften können aus dem „Jahr der Geowissenschaften 2002" eine überragende Bilanz vorweisen. Das Geojahr war bisher das mit Abstand erfolgreichste Wissenschaftsjahr. Das ist in erster Linie der Verdienst der Wissenschaft: Hierzu einige Zahlen und Fakten:

– Über 750.000 Besucher konnten mobilisiert werden. Bundesweit sind insgesamt vier mehrtägige Zentralveranstaltungen in Berlin, Leipzig, Köln und Bremen ausgerichtet worden. Alleine zur Veranstaltung in Köln kamen rd. 80.000 Besucher. Gestatten Sie mir an dieser Stelle den Hinweis: Im „Jahr der Lebenswissenschaften 2001" kamen zu allen Veranstaltungen ca. 80.000 Besucher.

– Zusätzlich gab es zu verschiedensten Geo-Themen bundesweit 13 Großveranstaltungen und 2.500 Regionalveranstaltungen, ausgerichtet von Forschungseinrichtungen, Universitäten, Verbänden und Naturkundemuseen.

– 1040 Schulklassen haben beispielsweise das Geo-Puppentheater in bundesweit über 400 Aufführungen mit einer kindergerechten Zeitreise in die Erdgeschichte besucht.

– In 62 Städten hat das „Geo-Schiff" angelegt, das rund 117.000 Besucher – vor allem Jugendliche – an Bord begrüßen konnte.

– Die Internetseite „www.planeterde.de" ist mit durchschnittlich 20.000 individuellen Nutzern pro Monat ein überragender Erfolg.

– Erstmals wurden an dem bundesweiten „Tag des Geotops" rund 6000 Orte von erdgeschichtlicher Bedeutung der breiten Öffentlichkeit vorgestellt oder überhaupt zum ersten Mal zugänglich gemacht.

15

– Am „Tag der Erde" – das war am 22. April 2002 – gab es über 600 Aktionen von Geowissenschaftlern in Schulen.

Darüber hinaus fand bundesweit ein Schülerwettbewerb „Verändere die Welt um ein Prozent!" statt, in dessen Rahmen von Ministerin Bulmahn auch der Name FS „M. S. Merian" für das neue deutsche Eisrand-Forschungsschiff aus den Schülervorschlägen ausgewählt wurde. Die Realisierung geht zügig voran. Wir erwarten, dass das Schiff termingerecht in Dienst gestellt wird.

Unter den vielen Aktionen im Jahr der Geowissenschaften waren offizielle Besuche der deutschen Forschungsschiffe „METEOR" in Recife (Brasilien) und „SONNE" in Wellington (Neuseeland) sowie Sydney (Australien) mit den dazugehörigen Veranstaltungen internationale „high lights" im Jahr der Geowissenschaften. Unsere Forschungsschiffe, insbesondere auch das PFVS „POLARSTERN" – „Großgeräte" im Dienst der Forschung – haben als „Botschafter deutscher Forschungspolitik" im Geo-Jahr vermittelt, dass geowissenschaftliche Forschung hauptsächlich international in enger Kooperation mit Partnerländern stattfindet und damit auch zur Völkerverständigung beiträgt. Dies hat die UNESCO veranlasst, allen Aktionen des BMBF im Jahr der Geowissenschaften ihre Patronage zu verleihen.

Die positive Resonanz auf die Veranstaltungsangebote im Jahr der Geowissenschaften macht auch dem letzten Skeptiker – die gab es unter Geowissenschaftlern auch – deutlich, dass der Dialog zwischen Geowissenschaftlern und Bevölkerung weiter vorangebracht werden muss. Der „Schwung" des Geojahres muss weitergetragen werden; er darf nicht das Strohfeuer des Jahres 2002 bleiben. Alle Beteiligten sind aufgefordert, sich weiter aktiv an diesem Dialog zu beteiligen. Ein besseres Verständnis der Geowissenschaften in der Öffentlichkeit und bei politischen Entscheidungsträgern erhöht normalerweise auch die Chancen im Wettbewerb um Fördermittel.

Für die Fortsetzung des Dialogs mit der Öffentlichkeit stehen wir als Partner bereit. Wir werden die Internetseite „www.planeterde.de" als geowissenschaftliches BMBF-Fachportal mit dem Untertitel „Welt der Geowissenschaften" gemeinsam mit der Alfred-Wegener-Stiftung weiter ausbauen. Die offizielle Vorstellung erfolgt im September im Rahmen der „Langen Nacht der Wissenschaft" des Landes Brandenburg auf dem Telegrafenberg in Potsdam.

In Zusammenarbeit mit der UNESCO und der Alfred-Wegener-Stiftung haben wir die ersten nationalen Initiativen zur Gründung von GeoParks in Deutschland mit dem BMBF-Logo „planeterde – Welt der Geowissenschaften" als Qualitätssiegel ausgezeichnet. Es sind die GeoParks in den Regionen Harz, Odenwald, Schwäbische Alb und Mecklenburg-Vorpommern, die Ende letzten Jahres von einer Expertenkommission nach einem bundesweit einheitlichen Kriterienkatalog beurteilt wurden. Bundesministerin Edelgard Bulmahn hat die Auszeichnungen persönlich überreicht; für die AWS hat dieses ihr Präsident, Prof. Emmermann, getan.

Schließlich möchte auch die IUGS für ihr internationales „Geojahr" im Zeitraum 2004–2007 das Geo-Jahr-Logo als „Planet Earth – World of Geosciences" übernehmen, so dass sich die Geocommunity vielleicht demnächst weltweit unter diesem Zeichen wiederfindet.

Das Geo-Jahr 2002 ist inzwischen Geschichte. Alle Beteiligten haben registriert wie wichtig es ist, an einem Strang – und zwar in die gleiche Richtung! – zu ziehen. Wie ich an der Mainzer-Erklärung dieses Symposiums sehe, haben Sie bereits die Erkenntnis umgesetzt, dass nach dem Geo-Jahr die eigentliche Arbeit an den gemeinsam gesteckten Zielen erst richtig anfängt. „Tue Gutes und rede darüber"; dieser Spruch gilt auch für die Geowissenschaften. Verschaffen Sie ihrer Erklärung ein geeignetes Forum, sprechen Sie die gesamte Öffentlichkeit an, formulieren Sie die Botschaft in einer allgemein verständlichen Sprache für eine möglichst breite Resonanz!

Gestatten Sie abschließend noch folgende Bemerkung: Für das BMBF war es besonders erfreulich, wie Geowissenschaftler vor allem auf Kinder- und Jugendliche mit fundierten Konzepten zugegangen sind und erreichen konnten, dass Kindern wissenschaftliche Themen Spaß machen und dass sie möglichst früh spielerisch Zugang zur Forschung finden. Aber nicht nur die Jüngsten wurden angesprochen. Auch der Erfolg bei Älteren wird deutlich, wenn man die jüngsten Aussagen der Alfred-Wegener-Stiftung kennt: Danach sind die Einschreibungen an den Universitäten in den geowissenschaftlichen Fächern signifikant gestiegen, und zwar auffällig in den Städten, in denen Veranstaltungen im Jahr der Geowissenschaften stattgefunden haben. Für die Geowissenschaften haben sich in Tübingen z.B. im Vergleich zum Jahr 2000 viermal so viele Studenten eingeschrieben.

In diesem Sinne wünsche ich Ihnen allen einen gelungenen Eröffnungstag und eine erfolgreiche Tagung. Den Organisatoren spreche ich mein Kompliment aus: das Konzept Ihres interakademischen Symposiums ist überzeugend – und im Interesse der Geowissenschaften in Deutschland würde ich mir wünschen, dass dieses Modell Schule macht.

Glückauf!

Nach dem Jahr der Geowissenschaften:
Chancen und Herausforderungen einer Disziplin

Peter Frankenberg

Zum „Jahr der Geowissenschaften"

Das „Jahr der Geowissenschaften 2002" ist ein gelungenes Beispiel dafür, wie ein funktionierender Dialog zwischen Wissenschaft und Öffentlichkeit erfolgreich und nachhaltig gestaltet werden kann. Dafür gebührt allen Beteiligten großer Dank.

Das Ergebnis kann sich sehen lassen:

- Hohe Öffentlichkeitswirksamkeit mit insgesamt 950.000 Besuchern und hohe Präsenz geowissenschaftlicher Themen in den Medien.
- Einmalige Darstellung des breiten Spektrums und der einzelnen Teildisziplinen der Geowissenschaften.
- Das Jahr der Geowissenschaften machte deutlich, welche Bedeutung die Geowissenschaften für die Lösung drängender gesellschaftlicher und ökologischer Fragen gegenüber der breiten Öffentlichkeit haben.
- Werbeeffekt für die Fachdisziplin, die – jedenfalls in Baden-Württemberg – steigende Studierendenzahlen aufweist.

Zu begrüßen ist, dass die Anstrengungen zur Präsentation der Geowissenschaften nicht am 31.12.2002 beendet wurden. Mit dem „Tag der Erde", dem „Tag des Geotops" und dem Ausbau der Internetpräsentation zu einem geowissenschaftlichen Fachportal werden wesentliche Elemente des Jahres der Geowissenschaften bewahrt. Damit wird die Möglichkeit geschaffen, den Erfolg des Jahres der Geowissenschaften nachhaltig fortzuführen.

Zukünftige Herausforderungen und Chancen für die Geowissenschaften

Wir erleben gegenwärtig einen noch nie da gewesenen globalen Wandel unserer Umwelt, an dem der Mensch so gravierend wie noch nie mitwirkt, neben den fortdauernden natürlichen Einflussgrößen der Umweltveränderungen. Die Nutzung der Georessourcen durch den Menschen und seine wachsenden Bedürfnisse nach Lebensraum, Energie und Wasser führen zunehmend zur Gefährdung und zur Schädigung der Umwelt für den Menschen. Die Natur überlebt, ob der Mensch in ihr und mit ihr – das ist die Frage.

Die Themenpalette dieses Mainzer Symposiums greift wesentliche Problemfelder auf:

– Dynamisch wachsende Weltbevölkerung mit einem steigenden Energieverbrauch;

– Verschmutzung von Atmosphäre, Wasser und Boden;

– Wachsende Landnutzung und Landverbrauch, die zu Übernutzung, Versiegelung und Abholzung bis hin zu Desertifikation führen;

– Verlust an Biodiversität und die unmittelbare Gefährdung und irreversible Zerstörung von Ökosystemen (zum Beispiel tropische Waldökosysteme und Korallenriffe);

– Verfügbarkeit von Wasser ist ein wachsendes Problem des Globalen Wandels.

Diese Diagnose ist nicht neu. Maßnahmen werden aber immer dringender. Erforderlich ist ein weitreichender politischer und gesellschaftlicher Prozess, der sich mit der Zielsetzung der „Nachhaltigen Entwicklung" über den Erhalt der unmittelbaren natürlichen Lebensgrundlagen hinaus an der Wohlfahrt heutiger und zukünftiger Generationen orientiert. Die „Nachhaltige Entwicklung" ist die Grundvoraussetzung für den Erhalt des Ökosystems Erde und die zukünftige Entwicklung der Menschheit in friedlicher Koexistenz der Völker, Nationen und Kulturen. Die Diskussion um die Ausgestaltung der Energiepolitik macht aber deutlich, dass das Wie der „nachhaltigen Entwicklung" umstritten ist, etwa in der Frage der Energieerzeugung ohne Verstärkung des Treibhauseffektes.

Das Erkennen und Verstehen der wissenschaftlichen Zusammenhänge unserer Umwelt und ihrer synergenen Wirkungsmechanismen, aber auch deren gesamtgesellschaftliche Bewertung sind vor diesem Hintergrund von ganz entscheidender Bedeutung. Die Geowissenschaften können hierzu

19

einen maßgeblichen Beitrag leisten. In der Gewinnung dringend benötigten Wissens, der Entwicklung eines adäquaten Prognose-Instrumentariums und der Bereitstellung notwendiger Entscheidungsgrundlagen für die Ausgestaltung einer nachhaltigen Zukunft des Menschen im „Ökosystem Erde" liegen die zentralen Herausforderungen, aber auch die großen Chancen für die Geowissenschaft in der Zukunft.

Der globale Wandel ist begleitet von der Erkenntnis einer zunehmenden Komplexität und Vernetzung der Probleme. Im Verständnis vieler Systemzustände und Umweltprozesse des Geosystems Erde stehen wir erst am Anfang. Der ganzheitliche Blick auf die Wirkungsmechanismen des Gesamtsystems Erde ist eine große Herausforderung der Geowissenschaften, die dazu auch die Fortschritte anderer Wissenschaften und der Informationstechnologie nutzen müssen.

In dem damit verbundenen Paradigmenwechsel innerhalb der geowissenschaftlichen Arbeit liegt die große innere Herausforderung für die Disziplin. Schon bisher sind die Geowissenschaften eine Disziplin mit einer großen Breite von Teildisziplinen – sie sind in sich bereits interdisziplinär. Diesen interdisziplinären Charakter gilt es in Zukunft noch zu verstärken.

Die Entwicklung eines gemeinsamen Selbstverständnisses und Leitbildes der „Geowissenschaften" ist dafür ein wichtiger Schritt. Die „Mainzer Thesen" zum Selbstverständnis der Disziplin, zu ihrem aktuellen Zustand und zu den Handlungsnotwendigkeiten können hierzu gewiss einen wichtigen Beitrag leisten.

Die Aufgabe der Wissenschaftspolitik

Eines ist sicher: Die Geowissenschaften können diese große Herausforderung nicht ohne die dauerhafte Unterstützung von Seiten der Gesellschaft und der Politik bewältigen.

Wie kann die Politik tätig werden? Verantwortliche Wissenschaftspolitik muss alles daran setzen, neben einer angemessenen Mittelausstattung für die Forschung zugleich ein günstiges Umfeld für innovative, international wettbewerbsfähige Forschung zu schaffen. Hierzu bedarf es zunächst vor allem Hochschulstrukturen, die effiziente Rahmenbedingungen und ein kreatives Umfeld für Wissenschaft und Forschung bieten; Baden-Württemberg hat mit der Reform seiner Hochschulen diesen Weg frühzeitig und richtungsweisend beschritten. Zu nennen sind vor allem die Steigerung der Wettbewerbselemente mit der dezentralen Finanzverantwortung und leistungsbezogenen Finanzierung der Hochschulen und die gleichzeitige Erweiterung der Autonomie der Hochschulen. Das Land beabsichtigt, in einer strategischen Partnerschaft mit seinen Hochschulen diesen erfolgreichen Weg konsequent fortzusetzen.

Die begrenzten Ressourcen und die Komplexität der Fragestellungen erfordern auch in den Geowissenschaften Schwerpunktsetzung und Konzentration der Ressourcen und Disziplinen an einem Standort oder im Rahmen einer gegebenenfalls sogar fakultäts- und universitätsübergreifenden Zusammenarbeit. Dies wird in Zukunft noch mehr als heute die Ausgestaltung der Forschungsförderung des Landes bestimmen.

In Baden-Württemberg bestehen heute in den Geowissenschaften wettbewerbsfähige Forschungskapazitäten – auch im internationalen Vergleich. Diese müssen wir gezielt stärken. Wir werden im Land also auch in Zukunft alles daran setzen, die Voraussetzungen für profilbildende wissenschaftliche Arbeit weiter auszubauen und zu verbessern.

Von der rumänischen Dichterin Carmen Sylva stammt der Satz:

„Die Welt ist dein Spiegel und du bist der Spiegel der Welt."

Damit unser Spiegelbild, die Welt, für den Menschen und seine Lebensgrundlage langfristig nicht in Gefahr gerät, stehen wir heute vor der Notwendigkeit, eine Reihe wichtiger Fragen zu lösen, die die Zukunft der Menschheit bestimmen werden. Es geht um unsere Existenzgrundlagen und das Wohlergehen der nachfolgenden Generationen. Das ist eine existenzielle Herausforderung, auch für die Geowissenschaften. Ich hoffe und wünsche uns allen, dass wir dieser Herausforderung gerecht werden können.

Methanhydrate vom Meeresboden

Illusion oder Option auf eine potenzielle Energiequelle

Gerhard Bohrmann

Methanhydrate gehören chemisch zur Gruppe der Gashydrate, die eine feste Verbindung bilden, wenn Wasser und Gas bei hohem Druck und niedrigen Temperaturen miteinander reagieren. Bereits 1810 gelang es dem britischen Naturforscher Sir Humphrey Davy eher zufällig, eine derartige eisähnliche Substanz (Chlorhydrat) herzustellen, indem er Chlorgas durch kaltes Wasser perlen ließ. Bald danach wurden Dutzende von Gashydraten bekannt, unter ihnen auch Methanhydrat. Für mehr als ein Jahrhundert galten Gashydrate jedoch als chemische Kuriosität und wurden kaum beachtet. In den dreißiger Jahren des 20. Jahrhunderts allerdings wurden den Gashydratverbindungen größere Beachtung geschenkt, als durch die Öl- und Gasindustrie bekannt wurde, dass unbeabsichtigte Gashydratbildung für Transportprobleme in Pipelines verantwortlich waren. Es bildete sich bei herabgesetzten Temperaturen festes Methanydrat aus unter Druck stehendem Erdgas und verstopfte die Leitungssysteme. Aufgrund theoretischer Überlegungen wurden von russischen Wissenschaftlern in den 70er Jahren natürliche Vorkommen von Methanhydraten auf unserem Planeten postuliert. Beprobungen vom Meeresboden mit russichen Schiffen im Schwarzen Meer und mit dem Tiefseebohrschiff „GLOMAR CHALLENGER" vor Mittelamerika konnten dies in den 80er Jahren belegen. Die wissenschaftlichen Untersuchungen zeigten, dass Methanhydrate weltweit in den Sedimenten der Ozeane und den Böden der Permafrostgebiete vorkommen.

Die sich langsam durchsetzende Erkenntnis, dass natürliche Methanhydrate in großen Mengen existieren, erweckte das Interesse vieler Wissenschaftler. Wichtige Fragestellungen dabei sind die mögliche Nutzung als zukünftige Energieressource, die Wechselwirkung der Methanhydrate mit dem Klima, ihre Einbindung in den Kohlenstoffkreislauf sowie ihre Bedeutung bei einer ganzen Reihe von geologisch-biologisch-geochemischen Prozessen vor allem im marinen Bereich. Diese grundlegenden Fragen und angewandte Problemstellungen, wie z.B. die Gründung von Förderplattformen für Öl und Erdgas in gashydratführenden Sedimenten führte gegen Ende des 20en Jahrhunderts dazu, dass viele Länder nationale Forschungsprogramme zur Untersuchung von Gashydratfragen aufgelegt haben.

Gashydrate sind nicht-stöchiometrische Verbindungen, wobei die Wassermoleküle (so genannte Strukturmoleküle) Käfigstrukturen aufbauen (Abb. 1), in denen Gasmoleküle (als Gastmoleküle) eingeschlossen sind. Neben CH_4 sind es in der Natur vor allem H_2S, CO_2 und seltener höhere Kohlenwasserstoffe wie Ethan, Propan bis Butan. Bisher sind drei unterschiedliche Kristallstrukturen von Gashydraten bekannt, von denen die Struktur I am häufigsten in der Natur ist. Sie besteht aus acht Käfigen in einer Elementarzelle: sechs großen und zwei kleinen Käfigen. In den Käfigen können Gasmoleküle mit einem Durchmesser kleiner als das Propanmolekül z.B. CH_4, CO_2 oder H_2S eingebaut werden.

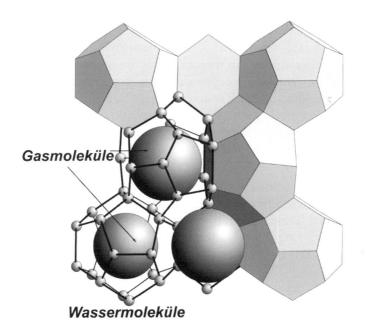

Abb. 1: Schematische Darstellung der Gashydratstruktur I, in dem die beiden Käfigtypen 5^{12} und $5^{12}6^2$ vertreten sind.

Während die physikalischen Parameter Druck und Temperatur die generell mögliche Verteilung der Methanhydrate beschreibt ist ein limitierender Faktor die allgemeine Verfügbarkeit einer ausreichenden Menge von Gas, vornehmlich CH_4. In den Sedimenten der Ozeanbecken stammt das Methan zu einem großen Anteil aus dem fermentativen Abbau organischen Materials bzw. aus der bakteriellen CO_2-Reduktion in so genannten anoxischen Ablagerungen. Teilweise wird es aber auch durch thermokatalytische Umwandlungsprozesse in tieferen Sedimenten gebildet bevorzugt im Zusammenhang mit Erdöllagerstätten. Die bei weitem höchsten Anteile an CH_4 werden im Bereich der Kontinentalränder gebildet, wo durch hohe Planktonproduktion der Ozeane und durch hohe Sedimentationsraten, große Mengen von organischem Material zur Ablagerung kommen und für die Gasbildung zur Verfügung stehen. Daher sind Gashydrate global an allen passiven und aktiven Kontintalrändern zu finden, aber auch im Schwarzen Meer, im Mittelmeer und im Baikalsee, wo ähnliche Bedingungen herrschen. Vorkommen im Kaspischen Meer und dem Golf von Mexiko sind überwiegend an Kohlenwasserstofflagerstätten gebunden.

Methanhydrate wurden bisher an ca. 20 Lokationen beprobt oder durch geochemische Ananlysen wie z.B. Chlorid-Anomalien im Porenwasser von Sedimenten nachgewiesen. An mindestens 80 Lokationen ist die Existenz von Gashydraten durch die geophysikalische Registrierung eines Bodensimulierenden Reflektors (BSR) nachgewiesen. Neben der BSR-Verteilung gibt vor allem die geologische Probennahme Aufschluss über Gashydratvorkommen. Dies geschah in der Vergangenheit vorwiegend mit Bohrschiffen im Rahmen der internationalen Programme DSDP und ODP oder durch oberflächennahe Beprobungen von Forschungsschiffen.

Im Vergleich ausgewählter, wichtiger Speichergrößen der verschiedensten organischen Kohlenstoffvorkommen der Erde ist die Menge an Kohlenstoff, die in Gashydraten existiert, enorm groß (Abb. 2). Obwohl es bei der globalen Bilanzierung noch Unsicherheiten gibt und andere Kohlenstoffspeicher unberücksichtigt bleiben, wird heute allgemein von einer Größenordnung um 10.000-12.000 Gigatonnen Kohlenstoff, der in Gashydraten gebunden ist, ausgegangen. Dies übersteigt die Kohlenstoffmenge der zur Zeit bekannten Vorkommen fossiler Brennstoffe bei weitem und stellt somit ein Potenzial für die Zukunft dar, wenn die konventionellen Energieträger ausgeschöpft sein sollten. Voraussetzung dafür ist allerdings, dass unabhängig von der Treibhausproblematik des Kohlendioxids aus der Verbrennung, Fördermethoden entwickelt werden, die einen wirtschaftlichen und umweltschonenden Abbau sowohl im marinen als auch im Per-

24

mafrostbereich ermöglichen. Hierzu gehört auch die Vermeidung von unkontrollierten Emissionen an Methan in die Atmosphäre. Ohne eine Lösung der Treibhausproblematik durch aktive CO_2-Sequestrierung muss die Nutzung von Gashydraten im globalen Maßstab ein unrealistisches Vorhaben bleiben.

Gashydrate wirken im Porenraum von marinen Sedimenten zunächst als Zement und rufen dadurch eine hohe Festigkeit und Stabilität des Meeresbodens hervor. Bei einer relativ frühzeitigen Gashydratbildung in noch unverfestigten Ablagerungen verhindern sie allerdings durch die Zementierung eine mit zunehmendem lithosstatischen Druck erhöhte Kompaktion. Werden dazu aber durch Druck/Temperatur-Schwankungen die porenfüllenden Gashydrate zersetzt, so kommt es zu einer enormen Abnahme der Bodenfestigkeit, und submarine Rutschungen können die Folge sein. Wie aus seismischen, bathymetrischen und Sidescan-Sonar-Kartierungen des Meeresbodens bekannt ist, treten an allen Kontinentalränder Rutschungen unterschiedlicher Größenordnung auf. In den allermeisten Fällen sind diese Partien der Kontinentalränder auch durch Gashydratvorkommen charakterisiert.

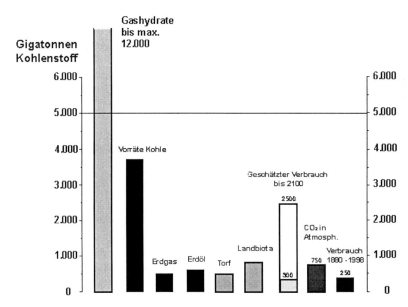

Abb. 2: Mengenanteile von organischem Kohlenstoff einzelner ausgewiesener Speichergrößen der Erde (IPCC).

Gashydratfreisetzung am oberen Kontinentalrand kann im Zuge einer Druckverminderung wie etwa durch eine langfristige Meeresspiegelabsenkung erfolgen. Die Vorstellung, dass Rutschungen und Massenbewegungen von Sedimentpaketen durch Gashydratzerfall verursacht oder zumindest verstärkt werden, wird durch neuere Indizien erhärtet (Abb. 3). Über die kurzzeitig freiwerdenden mechanischen Energien, die Methanmengen sowie die langfristigen Auswirkungen auf den Lebensraum lässt sich gegenwärtig jedoch nur spekulieren. Von der Storegga-Rutschung am Kontinentalhang vor Südnorwegen ist eine Flutwelle durch Ablagerungen in norwegischen Fjorden bekannt. Die Storegga-Rutschmasse ist mit einem Gesamtvolumen von 5.608 km^3 eine der größten bisher bekannten Rutschungen. Sie erfolgte in drei Phasen vor ca. 50.000 bis 30.000, vor 8.000 und 6.000 Jahren, wobei die größte Masse bereits während des ersten Ereignisses transportiert wurde und eine Flutwelle auslöste. Je nach Küstenmorphologie und Dichte der Bevölkerung könnten derartige Flutwellen (= Tsunamis) heute erheblichen Schaden anrichten.

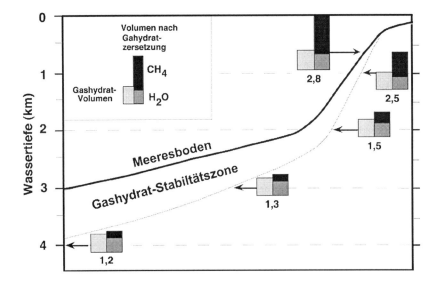

Abb. 3: Volumenausdehnung bei Gashydratzersetzung; Mächtigkeit der Gashydratstabilitätszone im Meeresboden (unter Annahme eines geothermischen Gradienten von 30°C/km) in Abhängigkeit von der Wassertiefe (dicke Linie). Die Balkendiagramme zeigen die ebenfalls tiefenabhängige Volumenzunahme (Zahlangabe = Faktor der Volumenzunahme) eines konstanten Gashydratvolumens.

Unterirdische Zukunftsräume

Günter Borm

Einführung

In den Ballungsgebieten der Erde wird der Lebensraum immer knapper, und Überbauung, Flächenversieglung und Landschaftsverbrauch belasten zunehmend die Umwelt. Die Gestaltungsräume für Stadtentwicklung und Verkehrsplanung der Zukunft liegen daher vorwiegend unterhalb der Erdoberfläche.

Der Untergrund dient also immer mehr als Raum für Industrie, Verkehr, Versorgungs- und Entsorgungssysteme, zur Speicherung von Öl und Gas oder zur Deponierung von Abfallstoffen. Dies schafft Platz auf der Erdoberfläche, trägt zu menschengerechtem Wohnen bei und schont die Natur.

Innerstädtischer Tunnel- und Leitungsbau

Die Stadtplanung von morgen verlegt die komplette Infrastruktur für den Personenverkehr und Gütertransport in den Untergrund. Dazu benötigt man U-Bahnen und unterirdische Rohrleitungssysteme. Um das Leben in der Stadt von dem Baubetrieb aber möglichst wenig zu beeinträchtigen, verwendet man zunehmend geschlossene Bauweisen. Sorgfältige Erkundung des Baugrundes und automatisierte Vortriebstechniken mit Tunnelbohrmaschinen markieren die modernen Entwicklungen.

Je nach lokalen Gegebenheiten kann der unterirdische Raum mit den unteren Etagen von Gebäuden verbunden sein oder ein umfangreiches Netzwerk aus neu geschaffenen Hohlräumen bilden, das sich unter einer ganzen Stadt hinzieht. Das Kanalisationsnetz im Untergrund der deutschen Städte umfasst ca. 1,4 Mrd. km Abwasserleitungen, von denen etwa ein Viertel sanierungsbedürftig ist. Außerdem sind Strom- und Telekommunikationskabel, Fernwärme-, Gas- und Trinkwasserleitungen meist unterirdisch verlegt. Beim grabenlosen Leitungsbau sind die besonders wirtschaftlichen und umweltschonenden Horizontalspülverfahren führend, gefolgt von modernen Entwicklungen des Mikrotunnelbaus mit kleinen ferngesteuerten Tunnelbohrmaschinen.

Fernverkehrstunnel

Nach heutigem Planungsstand sollen in Deutschland bis zum Jahr 2010 neben fast 60 Kilometern U- und S-Bahntunneln über 300 Kilometer Fernbahn- und Straßentunnel gebaut werden. Allein auf der geplanten ICE Neubaustrecke der Deutschen Bahn von Stuttgart nach München sind mehr als 30 Kilometer Tunnel in z.T. extrem wechselhaften Gebirgsverhältnissen vorgesehen.

Mit der Verwirklichung der Europäischen Union und dem Beitritt der osteuropäischen Länder entstehen neue transeuropäische Verkehrsnetze von gewaltigen Dimensionen mit Schnellbahnstrecken, die alle Hauptstädte Europas verbinden. Dazu sind für die nächsten 10 bis 20 Jahre mehr als 2000 km Verkehrstunnel geplant. Vier Großprojekte werden in den Alpen zur Zeit realisiert: der Tunnel Mont Cenis mit 54 km Länge auf der TGV Hochgeschwindigkeitsstrecke Lyon–Turin, der Brenner Basistunnel (50 km) für die Schnellbahnstrecke München–Verona sowie der Lötschberg Basistunnel (36 km) und der Gotthard-Basistunnel (57 km) für die Neuen Eisenbahn-Alpentransversalen NEAT der Schweiz (Abb. 1).

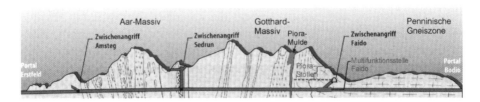

Abb. 1: Geologischer Schnitt durch die Zentralalpen mit Gotthard-Basistunnel

Unterirdische Speicher und Deponien

Weltweit werden Strategien zur Speicherung von Flüssigkeiten und Gas in unterirdischen Anlagen entwickelt. Zu diesen Projekten gehört die Einlagerung von Erdöl oder Erdgas für die Versorgung der Bevölkerung in Krisenzeiten genauso wie die saisonale oder kurzfristige Speicherung von Wasser. In wachsendem Umfang sind auch leere Erdöl- und Erdgaslagerstätten wegen ihrer natürlichen Abdichtung als Speicher für flüssige oder gasförmige Stoffe interessant. Zur Reduktion der klimaschädlicher Treibhausgase in der Atmosphäre wird außerdem die langfristige Einlagerung von Kohlendioxid in Speichergesteine diskutiert (Abb.2).

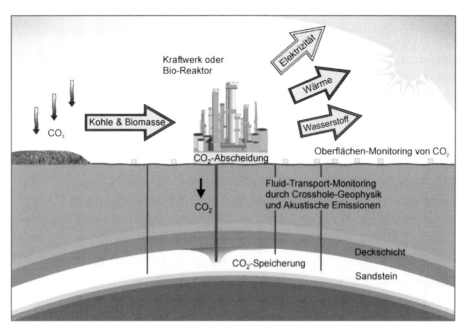

Abb. 2: Sequestrierung von CO_2 in unterirdischen Speichergesteinen

Öl-, Gas- und Erdwärme-Reservoire

Öl und Gas sind in der Erde nur begrenzt vorhanden. Als regenerative Energien stehen Sonne, Wind, Wasserkraft, Biomasse und Erdwärme zur Verfügung. Erdwärme ist im Boden ganzjährig vorhanden und kann für die Deckung des Grundbedarfs an Energie verwendet werden. Neue Erdwärmevorkommen können erschlossen werden, in dem das Gestein durch eingepumptes Wasser unter Druck gesetzt und so aufgebrochen wird. Dabei entstehen Risse und Spalten, in denen das im Erdinneren erhitzte Wasser fließen kann. In der Ölindustrie sind solche Stimulationsverfahren genannte Methoden im Einsatz, die aber noch verbessert werden müssen.

Untergrund-Monitoring

Um sicherere, wirtschaftliche, umweltfreundliche und dauerhafte Bauwerke unter Tage herzustellen, verlangen Auftraggeber immer mehr eine messtechnische Überwachung der Bauprozesse. Die Geophysiker und Geotechniker müssen hierfür innovative Erkundungsmethoden entwickeln und automatisieren. Diese müssen robust und zuverlässig sein, dass sie auf Baustellen eingesetzt werden können. Außerdem müssen sie hochauflösend sein, und ihre Ergebnisse sollen vor Ort on-line ausgewertet, visualisiert und interpretiert werden können. Am ehesten Erfolg versprechen hier die unterirdischen seismischen Verfahren, die als einzige die nötige Eindringtiefe und Auflösung bieten.

Daraus lassen sich die geologischen Strukturen im Untergrund erkennen. Man möchte aber durch hochauflösende Verfahren möglichst auch die physikalischen Parameter der Gesteine vor Ort identifizieren können. Dazu gehören zum Beispiel Vorkommen und Zustand von Fluiden in Klüften und die Wege, die sie im Untergrund nehmen. Diese Informationen sind bei der Erkundung von Kohlenwasserstofflagerstätten, für die Gewinnung geothermischer Energie, bei Untersuchungen zur Ausbreitung von Schadstoffen in Untertage-Deponien sowie bei der Sequestrierung von CO_2 in unterirdischen Speicherformationen notwendig.

Mikroorganismen und Mensch kontrollieren den Kreislauf des Treibhausgases Methan

Ralf Conrad

Methan ist ein atmosphärisches Treibhausgas. Seine Abundanz in der Atmosphäre hat sich seit der letzten Eiszeit mehr als verfünffacht (auf derzeit ca. 1.7 ppm), und nimmt immer noch mit ca. 0.5% pro Jahr zu. Der hierdurch verursachte zusätzliche Treibhauseffekt entspricht etwa einem Drittel von dem des CO_2. Die mittlere Lebenszeit von CH_4 in der Atmosphäre ist mit ca. 8 Jahren viel kürzer als die von CO_2 (50-200 Jahre), so dass sich Änderungen im Haushalt schneller auswirken können. Der Methankreislauf bietet sich also an zur eventuellen Manipulation von schädlichen Treibhauseffekten. Die Quellen des atmosphärischen CH_4 sind überwiegend biogen. Hierbei wird das CH_4 grundsätzlich durch anaerobe Mikroorganismen der Domäne *Archaea* aus Acetat bzw. aus $H_2 + CO_2$ als Substrat gebildet. Acetat und H_2/CO_2 wiederum fallen als Produkte des anaeroben Abbaus von organischem Material an. Dieser anaerobe Abbauprozess wird durch eine komplexe mikrobielle Lebensgemeinschaft bewerkstelligt. Die quantitativ wichtigsten anoxischen Standorte und Quellen für atmosphärisches CH_4 sind natürliche Feuchtgebiete und Reisfelder, außerdem Wiederkäuer (Pansen), Termiten (Enddarm), Mülldeponien und Faulgas aus Klärwerken. Diese Quellen machen nahezu zwei Drittel des gesamten Methanhaushalts von etwa 600 Millionen Tonnen pro Jahr aus.

Reisfelder sind ein interessantes Modellsystem für die Regulation der mikrobiellen Prozesse, die zur CH_4-Emission führen. In gefluteten Reisfeldern wird CH_4 ähnlich wie in natürlichen Feuchtgebieten (z.B. Moore) umgesetzt. Zusätzlich sind die Prozesse aber unter der (großenteils unbewussten) Kontrolle des Menschen (Landwirt), der die Feldbedingungen entscheidend beeinflusst. Die Methanbildung im Boden setzt einige Tage nach Flutung der Felder ein, nämlich sobald die im Boden vorhandenen Oxidantien (O_2, Nitrat, Eisen-III, Sulfat) weitgehend reduziert sind. Dann erst wird die Reduktion von CO_2 bzw. von Acetat-Methyl zu CH_4 zu einer energetisch konkurrenzfähigen Reaktion. Die methanogene mikrobielle Lebensgemeinschaft baut dann organisches Material zu CO_2 + CH_4 (ca. 1:1) ab. Hierbei werden zunächst Polymere (hauptsächlich Polysaccharide) zu Zuckern hydrolysiert, und anschließend zu Fettsäuren, Alkoholen, CO_2 und H_2 fermentiert (primäre Gärungsbakterien). Diese Produkte werden von protonenreduzierenden acetogenen Bakterien (sekundäre Gärungsbakterien) weiter zu Acetat, CO_2 und H_2 abgebaut. Dieser weitere Abbau kann aus thermodynamischen Gründen nur dann stattfinden, wenn die dabei entstehenden Produkte (insbesondere H_2) bei einer niedrigen Konzentration gehalten werden. Dies geschieht durch die Umsetzung von H_2 bzw. von Acetat zu CH_4. Dieser Prozess, der in methanogenen Archaea stattfindet, ist der eigentlich CH_4-bildenden Prozess.

In Reisfeldern kommt das organische Material, das zu CH_4 umgesetzt wird, hauptsächlich aus den Reispflanzen, die organische Substanzen über ihre Wurzel ausscheiden. Außerdem kommt es aus Kompost oder Stroh, das von den Bauern untergepflügt wird, und schließlich aus dem Pool des organischen Bodenmaterials (Humus etc.). Reisstroh wird von den Bauern gerne zur Bodenverbesserung untergepflügt. Diese Maßnahme erhöht aber die Emission von CH_4. Der mikrobielle Abbau von Reisstroh erfolgt in zwei Zonen, nämlich dem Reisstroh selbst, das fast nur von primären Gärungsbakterien besiedelt wird, und dem Boden, in dem die sekundären Gärer und methanogenen Archaea angesiedelt sind und die Gärungsprodukte weiter zu CH_4 umsetzen.

Eine andere Maßnahme der Reisbauern, die die Bildung und Emission von CH_4 beeinflusst, ist das Wassermanagement. So reduziert eine zeitlich begrenzte Drainage die CH_4-Emission noch geraume Zeit nach erneuter Flutung. Die Drainage führt nicht nur zu einer unmittelbaren Hemmung der mikrobiellen CH_4-Bildung durch Sauerstoff, sondern erlaubt die Oxidation (chemisch und mikrobiell) von Fe(II) zu Fe(III) und von Sulfid zu Sulfat. Die hierdurch regenerierten Oxidantien (Fe(III) und Sulfat) müssen nach erneuter Flutung erst wieder reduziert werden, bevor die CH_4-Bildung erneut einsetzen kann. Solange nämlich diese Oxidantien verfügbar sind, ist die Oxidation von H_2 bzw. Acetat durch eisenreduzierende bzw. sulfatreduzierende Bakterien energetisch günstiger als die Verwertung durch methanogene Archaea. Erstere können deshalb H_2 und Acetat bei viel niedrigeren Konzentrationenen verwerten als Letztere und begrenzen diese dadurch in ihrer Aktivität.

32

Eine weitere wichtige landwirtschaftliche Maßnahme ist die Düngung. Die Düngung mit Stickstoff beeinflusst sowohl die CH_4-Produzenten als auch die CH_4-Konsumenten. Die CH_4-Produktion wird durch Stickoxide (Nitrat, Nitrit, NO, N_2O) gehemmt. Stickoxide entstehen bei der Oxidation von Ammonium oder Harnstoff zu Nitrit und Nitrat (Nitrifikation) und der nachfolgenden Reduktion von Nitrat zu N_2 (Denitrifikation). Die Nitrifikation findet nur in den oxischen Bereichen des Reisfeldes statt, d.h. in der Oberflächenschicht des Bodens und um die Reiswurzeln. Die Denitrifikation findet dagegen im anoxischen Boden statt. Die Denitrifikation ist (ähnlich wie die Eisen- oder Sulfatreduktion) eine energetisch günstigere Alternative zur Oxidation von H_2 und Acetat durch methanogene Archaea.

Das im Boden gebildete Methan wird teilweise während seines Transports in die Atmosphäre durch methanotrophe Bakterien oxidiert, und zwar in den oxischen Grenzschichten (Bodenoberfläche und Rhizosphäre). Die Oxidation von CH_4 wird einerseits durch Ammonium gehemmt, da Ammonium als Substratanalog für das CH_4-oxidierende Enzym der Methanotrophen dient. Andererseits benötigen die Methanotrophen, wie alle Mikroorganismen und Pflanzen, den Stickstoff für Biosynthesezwecke und zum Wachstum. Letzteres scheint der entscheidende Faktor in Reisfeldern zu sein, so dass N-Mangel tatsächlich zu einer Abnahme der CH_4-Oxidation führt und der relative Anteil des emittierten CH_4 zunimmt. Umgekehrt führt N-Düngung in Reisfeldböden zu einer Zunahme der CH_4-Oxidation und damit zu einer Abnahme der CH_4-Emission. In nicht gefluteten Böden, die meist eine Senke für atmosphärisches CH_4 darstellen, führt N-Düngung dagegen zu einer Hemmung der CH_4-Oxidation.

Am Beispiel der CH_4-umsetzenden Prozesse in Reisfeldern werden einige der Prinzipien deutlich, mit denen der Mensch über das Management der Böden die mikrobiellen Prozesse beeinflusst, die letztlich den biogenen Kreislauf des Methans regulieren. Man muss wohl generell davon ausgehen, dass Änderungen im Haushalt der Nährstoffe, der Redoxbedingungen und der Verfügbarkeit abbaubarer Substanz im Boden die Mikroflora in ihrer Zusammensetzung und Aktivität beeinflußt. Aufgrund der großen Biomasse von Bodenmikroorganismen (>25.000 Millionen Tonnen Kohlenstoff) muss mit deutlichen Auswirkungen auf die globalen Stoffkreisläufe gerechnet werden.

Das Norddeutsche Tiefland als optimal erschlossenes Zeit-, Klima- und Prozessarchiv des Quartärs

Lothar Eißmann

Das Festland ist die Bühne des Eiszeitklimas,
das Meer sein Transmissionsriemen.

Erschließungsgrad

Die Koinzidenz vor allem klimatisch gesteuerter Vielfalt, gespiegelt in weit mehr als 100 lithostratigraphischen Einheiten glaziärer, periglaziärer, limnischer und mariner Genese, und die Kohärenz langer Ereignisfolgen in den Sedimentsukzessionen einerseits und optimaler Aufschluss- und Forschungsbedingungen andererseits, machen das Tiefland zwischen dem Rhein-Maas-Gebiet und der Oder und das südlich angrenzende Hügelland zu einem der erdweit wichtigsten, wissenschaftlich längst nicht ausgeschöpften Stratigraphie-, Klima- und Prozessarchive des jüngeren Känozoikums im heute klimatisch gemäßigten Epikontinental- und Festlandsbereich Eurasiens. In den vergangenen 100 Jahren existierten vor allem in der südlichen Randzone des Tieflands, die vom Inlandeis zweimal erreicht und teilweise überschritten wurde, zeitweise mehr als 50 Großaufschlüsse der Braunkohlenindustrie (insgesamt 1500 km^2 erschlossen). Mit schätzungsweise eineinhalb Millionen Bohraufschlüssen (im Bereich der ehemaligen DDR über eine Million, südlich der Linie Frankfurt–Berlin–Braunschweig über 600.000 Bohrungen) existierte hier außerdem die weltweit wahrscheinlich höchste Bohrdichte. Wesentliche Erkenntnisse zur allgemeinen Entwicklung des Quartärs und zum Detail erbrachte die lithofazielle Kartierung des gesamten ehemaligen Staatsgebietes der DDR im Maßstab 1:50.000 in fünf bis sechs lithostratigraphischen Stockwerken (1965 bis 1989). Auf der Basis dieser Aufschluss- und Erkundungsdichte dürfte die Region die höchste Transparenz im Känozoikum zumindest im eurasischen Raum besitzen.

Stratigraphie, Lithologie

Hauptmerkmal der Region ist die Verzahnung der glaziären Sedimentfazies der skandinavischen Inlandeisströme seit der Elstereiszeit (= Mindel) und der fluviatilen Fazies des südlichen mitteleuropäischen Flusssystems, das sich seit dem mittleren Tertiär durch bedeutende Veränderungen der einzelnen, inzwischen näher untersuchten Flussläufe auszeichnet (Abb. 1). In die Verzahnung integriert ist die bis in die Präelsterzeit nachgewiesene, noch immer schwer identifizierbare äolische Fazies vor allem in Form von Lössen, getrennt durch mehrere Dutzend (Klima!) Verwitterungshorizonte (Rheinprovinz), und deluvial solifluidale Sedimente, die in Gebieten mit günstigen Aufschlussbedingungen sogar zu Hauptgliederungsprinzipien avancieren können (Ältestes, Älteres, Mittleres, Jüngeres „Solifluidal").

Für die Grundgliederung, die Erarbeitung des Leitgerüsts des norddeutschen Quartärs, damit für die Einordnung der im Einzelfall schwer stratifizierbaren bis zu 12 Grundmoränenbänke und für die Einordnung isolierter warmzeitlicher Folgen, ist die beste Methode noch immer die Herangehensweise von Süden her über die inzwischen stratigraphisch gut erfassten Schotterkörper („Terrassen") und von Norden her über die marinen Sedimente der Holstein- und Eemwarmzeit (Abb. 2).

Daraus ergibt sich zumindest rein lithostratigraphisch von oben nach unten folgende Grobgliederung des norddeutschen Quartärs im Vereisungsgebiet:

– Jüngeres oder Oberes Glazialstockwerk (Weichsel/Würm-Eiszeit)

– Jüngeres oder Oberes Fluviatil incl. marines Eem (späte Saaleeiszeit bis frühe Weichseleiszeit inkl.)

– Mittleres Glaziärstockwerk (Saale/Riss-Eiszeit)

– Mittleres Fluviatil (späte Elster/Mindel-Eiszeit bis frühe Saaleeiszeit)

– Älteres oder Unteres Glazialstockwerk (Elster/Mindel-Eiszeit)

– Älteres Fluviatil (Postpliozän bis frühe Elstereiszeit; mehrere Schotterterrassen, international bedeutende Säugerfundstellen älterer Warmzeiten: Untermaßfeld, Voigtstedt u.a.).

Die Glazialstockwerke bestehen in der Regel aus zwei, regional bis fünf Moränenbänken und glazifluviatilen und -limnischen Sedimenten.

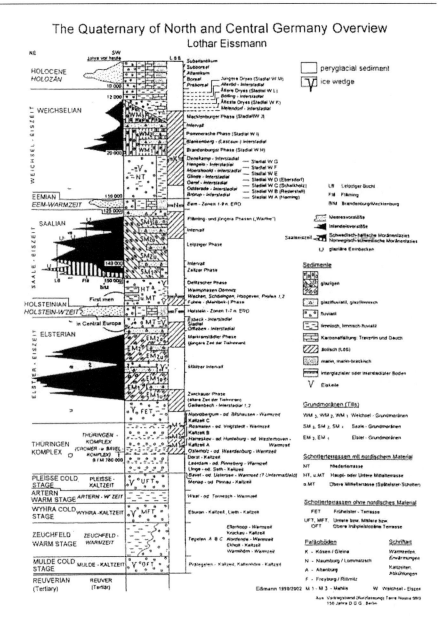

Abb. 1: Überblick über die Quartärgliederung von Nord- und Mitteldeutschland.

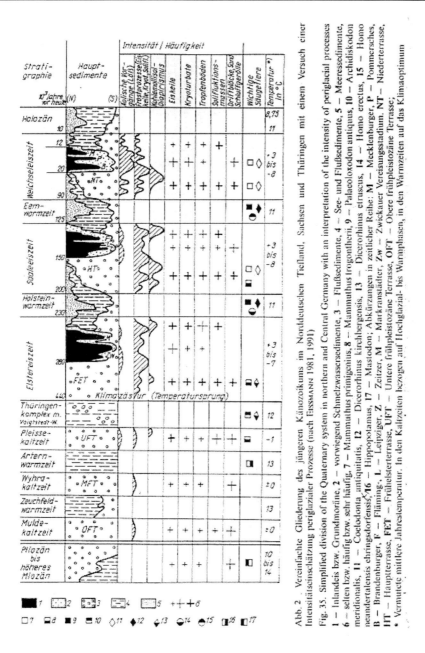

Abb. 2: Vereinfachte Gliederung des Quartärs in Nord- und Mitteldeutschland.

Das Mittlere Fluviatil baut sich beispielsweise vorwiegend aus südlichen Flussschottern der frühen Saalezeit auf, unterlagert von im Norden weit verbreiteten limnisch-fluviatilen holsteinwarmzeitlichen Ablagerungen, die teilweise in marine oder brackische Sedimente übergehen; im Süden existieren auch weit verbreitete spätelstereiszeitliche Flussablagerungen.

Die wichtige Frage nach der Stellung warmzeitlicher Sedimentfolgen zu den Vereisungen kann insbesondere im norddeutschen Raum vielfach eindeutig beantwortet werden. Die säugetierreiche Fundstelle Voigtstedt beispielsweise liegt unter zwei Elstergrundmoränen, die Warmzeitfolgen von Harreskov, Osterholz, Pinneberg, Untermaßfeld u.a. liegen sicher unter dem stratigraphischen Niveau dieser Kaltzeit. Die genaue Stellung der älteren, präelsterzeitlichen Warmzeitsedimente im weltweiten Stratigraphieverband ist noch immer unentschieden („Grauzone"). Für die Warmzeit mit Holsteinpollenbild ist die Stellung zwischen der elster- und saaleeiszeitlichen Moränenfolge absolut sicher. Viele Folgen mit vollständigem oder nahezu komplettem Pollenbild liegen auf jüngsten elsterzeitlichen Rinnensedimenten und Moränen und unter der frühsaaleeiszeitlichen Schotterterrasse („Hauptterrasse"), die vielfach unmittelbar von einer bis drei Saalegrundmoränen bedeckt wird. Damit sind die termini post und ante quem in der praktisch größten zeitlichen Enge gegeben. Es existieren heute mehrere Dutzend gut untersuchter limnischer und mariner Holsteinvorkommen in dieser Position. Hunderte georteter Vorkommen harren noch der Erforschung.

Noch verhältnismäßig offen sind interglazialoide Sedimente mit einem weniger streng geregelten Pollenbild als die der Holsteinwarmzeit, die man der Wacken-, Schöningen- oder Dömnitzwarmzeit zuordnet. Sie sind älter als die ältere Saalegrundmoräne und jünger als die Holsteinwarmzeit und liegen im Niveau der frühsaaleeiszeitlichen Hauptterrasse der südlichen Flüsse. Wir vermuten ein warmes frühsaaleeiszeitliches Interstadial mit einem höheren Wärmeniveau (interglaziallähnlich) als die frühen Weichselinterstadiale, aber von niedrigerer klimatischer Größenordnung im Vergleich zur Holstein- und Eemwarmzeit.

Zwischen den weit verbreiteten Saalegrundmoränen, die während des Hauptvorstoßes des Saaleeises und Rückzugsoszillationen zum Absatz kamen, fehlen warmzeitliche und mit höchster Wahrscheinlichkeit sogar wärmere interstadiale Ablagerungen. Der Eisabbau vollzog sich rasch mit nur kurzzeitigen Stagnationen und Eisaktivierungen. Mit gutem Grund kann heute von einer ungeteilten, einheitlichen Vereisungsperiode der Saaleeiszeit gesprochen werden, analog zur Elster- und Weichselvereisung.

Sedimentfolgen mit Eempollenbild sind mehr als ein Dutzend untersucht. Hunderte von Vorkommen sind bekannt. Sie liegen überall dort, wo die liegenden und hangenden Sedimentfolgen eine Aussage erlauben, über den jüngsten saaleeiszeitlichen Ablagerungen, darunter Grundmoräne (!) und unter weichseleiszeitlichen Sedimentfolgen, ebenfalls mit Grundmoränen. Mehrfach liegen die Eemfolgen unter Sedimentsukzessionen mit den ältesten Interstadialen der Weichseleiszeit (Brørup, Odderade).

Die termini ante und post quem sind damit gegenwärtig die denkbar praktisch engsten. Wie die Holsteinwarmzeit erweist sich die Eemwarmzeit als ungeteilt. Nach einer kontinuierlich aufsteigenden und absteigenden Klimaentwicklung (kalt, kühl, warmgemäßigt ...) machen sich am Ende der Warmzeit sowohl in einigen Pollenbildern als auch in Isotopenbefunden stärkere Klimaschwankungen bemerkbar, bevor das kalttrockene älteste Weichselstadial beginnt. Sowohl in den Sedimentfolgen glaziärer Becken als auch in Subrosionssenken lassen sich im Floren- und Molluskenbild des Weichselfrühglazials (bis zu Beginn der Inlandeisbedeckung) acht bis neun Stadiale und Interstadiale erkennen, nach dem Eiszerfall jeweils mindestens zwei. Es gibt viele, noch wenig verifizierte Hinweise, dass der Klimaalgorithmus der Weichseleiszeit zumindest auch für Elster- und Saaleeiszeit zutrifft: Lange Frühglaziale mit häufigen Klimaschwankungen, kurze Vereisungsphasen mit stärkeren Eisrandoszillationen im Stadium des Eisabbaus, kurzes Spätglazial mit kurzen, kräftigen Erwärmungsphasen. Das Norddeutschland erreichende Weichsel-Inlandeis entwickelte sich aus einem Stammeis, das kontinuierlich bis zum Maximalstand vorstieß und nach nur kurzer Stagnation oszillierend mit einem stärkeren Wiedervorstoß zerfiel.

Glazigene und kryogene Prozesse

Die großen Aufschlüsse der Region erlauben lehrbuchhafte Einblicke in die letztlich klimatisch gesteuerte Dynamik und Kinetik der Hauptprozesse während des Quartärs. Hinsichtlich des Vereisungsablaufes zeichnet sich bei allen drei Invasionen das folgende in kurzen Stichpunkten skizzierte Schema ab: Rascher kontinuierlicher Vorstoß bis zum Maximalstand, kurze Stagnationsphase (kleine Sander), rascher Eiszerfall mit kurzen Stagnationsphasen und Wiedervorstößen des Eises bis um 200 km. Wiedererwärmungen von höchstens interstadialem Charakter. Kompliziertes Störungsinventar, überwiegend gebunden an Wiedervorstoßphasen nach degradiertem Permafrostboden. In die elstereiszeitliche Eisabbauphase fällt die Bildung des im Ausmaß erst in den letzten Jahrzehnten erkannten markanten Tiefrinnensystems im gesamten nordischen Vereisungsgebiet, entstanden durch Exaration, vor allem aber durch subglaziäre hydromechanische Prozesse; bis 500 m, vereinzelt wahrscheinlich bis 700 m tief. Rupturelle und plastische Deformationen (Abb. 3, 4) reichen sicher bis in 200 m Tiefe; schätzungsweise 10 Prozent des norddeutschen Untergrundes sind glazigen gestört, doch das eigentliche „Wunder" ist die weithin geringe glazigene Störung des Untergrundes trotz Eismächtigkeiten bis über 1000 m.

Noch wesentlich weiter verbreitet als glazigene Deformationen sind kryogene rupturelle und plastische Deformationen. Intraformationell treten sie bereits in den ältesten sicheren quartären Ablagerungen der in sechs bis sieben unterscheidbaren Kaltzeitkomplexe auf. Das gilt explizit auch für Frostrisse und -keile (Eiskeilpseudomorphosen), Strukturen, die als Belege von Permafrost gelten. Sprunghaft an Häufigkeit zu nehmen sie in der jüngsten Schotterterrasse vor der Elstervereisung (Mitteldeutschland: Jüngere frühpleistozäne Schotterterrasse des Saalesystems). Ihr Maximum an Zahl und Tiefe (bis 12 m) erreichen sie in den Frühglazialen der Elster-, Saale- und Weichseleiszeit. In den entsprechenden Schotterkörpern liegen bis fünf Rissgenerationen übereinander. Erscheinungen von Sedimentdeformationen in Auftauböden über saisonal wie permanent gefrorenem Untergrund, damit Wassersättigung des Sediments, Destabilisierung vor allem unter Bedingungen inverser Dichteschichtung und schließlich gravitative Auflösung des Schichtverbandes sind im mitteldeutschen Quartär Legion: Würgeböden, Taschenböden, Tropfenböden, Injektionsböden. Eine spektakuläre Erscheinung unter den plastischen Deformationen ist der Mollisoldiapirismus. Prädestinierte Sedimente für gravitativen Auftrieb sind humose Schluffe, Torf und Braunkohle: Während der Auftauphase beginnt der Boden durch Wassersättigung und -übersättigung zu „schwimmen" und zu Wülsten und Diapiren bis 50 m Höhe, den Salzdiapiren in allen Merkmalen vergleichbar, aufzusteigen. Dichte Gesteine wie Ton und Kies versinken bis zum Grund der wasserübersättigten Ablagerungen. Dieser auch für rezente Dauerfrostgebiete typische flächenhafte Bodenkollaps in Form von Grundbrüchen ließ sich im mitteldeutschen Raum in wenigstens fünf Phasen vom Frühpleistozän bis in die jüngere Weichseleiszeit nachweisen und darf als ein Demonstrationsobjekt gelten für den Fall weiterer Erwärmung auf der Erde und flächenhafter Degradation der Permafrostböden.

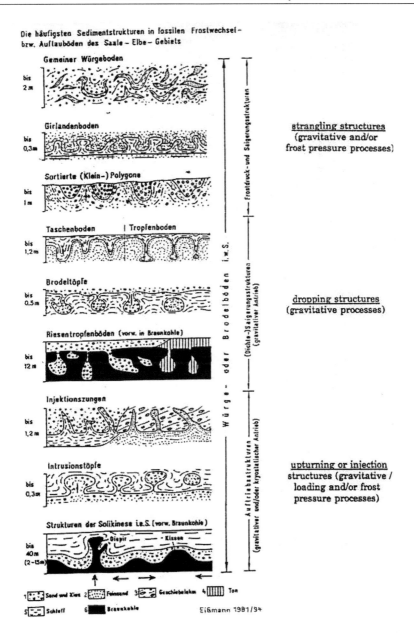

Abb. 3: Die häufigsten Formen plastischer Deformation in pleistozänenen Ablagerungen Mitteldeutschlands.

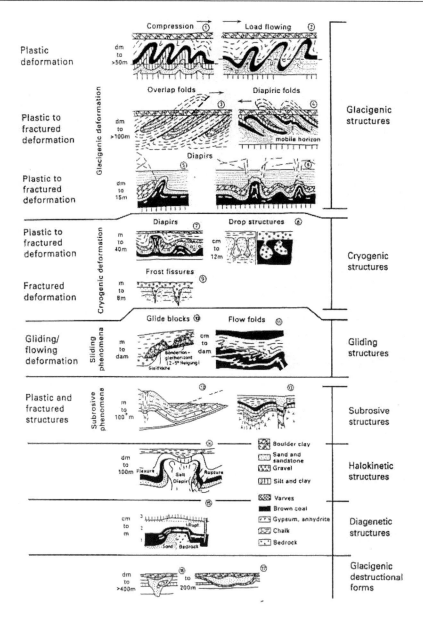

Abb. 4: Störungstypen von Weichsedimenten in Mitteldeutschland (bes. in Ostdeutschland)

Nichtglaziäre Sedimentfallen

Norddeutschland und sein südliches Randgebiet sind weiterhin ausgezeichnet durch die Existenz zahlreicher Sedimentfallen vulkanischer (Maare) und subrosiver Genese mit überaus günstigen Bedingungen zur Aufnahme, Speicherung und Konservierung von Sedimenten und ihren organischen (biologischen) wie anorganischen indikatorischen Inhalten.

Schlussbetrachtung

Die Quartärgeschichte Norddeutschlands und der Hügelländer bis zu den Mittelgebirgen ist in dichten Maschen geknüpft; eines hängt über das Band des Klimas und seiner Prozesssteuerung am anderen. Lange Sedimentsukzessionen klimasignifikanter Faziesbereiche des Glaziärs, Periglaziärs, des marinen und limnischen Milieus vor allem seit Beginn der Elstereiszeit mit drei übereinanderliegenden vollständigen Warmzeit-Kaltzeit-Zyklen (Elster-, Saale-, Weichseleiszeit) machen die Region zu einem idealen Objekt der Klima- und Landschaftsforschung in der heute gemäßigten Klimazone der Erde mit dem Endziel der Erarbeitung eines entsprechenden komplexen Grundmodells oder Fallbeispiels auf der Erde und dem Bewusstsein, dass die im Interferrenzbereich von Inlandeis, periglazialem und marinem Milieu geprägten Regionen die eigentlichen Bühnen des Eiszeitklimas sind. Nicht hoch genug zu betonen sind die zahlreichen paläontologisch und archäologisch bedeutsamen Fundstätten (Untermaßfeld, Bilzingsleben, Schöningen, Neumark-Nord u.a.). Nach reichen „Transitfaunen" vom Jungtertiär zum Quartär erscheinen im norddeutschen Raum zu Beginn der Elstereiszeit die ältesten modernen reinen Kaltzeit-Säugetierfaunen Eurasiens, in Verbindung mit der exzesshaften Zunahme der Permafrosterscheinungen die stärkste Akzentverschiebung der Klimaentwicklung mit Beginn der Elstereiszeit demonstrierend. Es beginnt das Eiszeitalter im engeren Sinne.

Bei optimaler Aufschlußdichte durch Bohrungen und Großaufschlüsse, sicherer Ortung bereits entdeckter künftiger Forschungsobjekte – es existieren beispielsweise ungezählte bisher nicht näher untersuchte Vorkommen oberflächennaher Warmzeitfolgen und von Typusprofilen glaziärer Sequenzen – erlaubt die Region aufgrund ihres hohen verkehrstechnischen Erschließungsgrades den unproblematischen Einsatz aller heute verfügbaren Untersuchungsverfahren bei minimalem technischem Aufwand, kurzen Wegen und hoher Verifizierbarkeit der Befunde und ihrer Interpretation. In einer derartigen Region mit dem wohl höchsten geologischen Erkundungsstand und einem festen stratigraphischen Verbund ist der Weg frei, um über die Anwendung modernster geochemischer Analysemethoden der absoluten Altersdatierung und der Gewinnung relativer und absoluter Klimaparameter zu einer wirklich neuen Aussagequalität (!) für die jüngere globale Klimaentwicklung zu gelangen. Im sprichwörtlichen Sinne braucht das „Fahrrad" in dieser Region im Gegensatz zu vielen anderen nicht neu erfunden zu werden.

Die beigefügten Abbildungen geben einen Überblick zur Gesamtstratigraphie, untersetzt mit Abfolgen von Warmzeiten auf pollenstratigraphischer und isotopengeochemischer Grundlage (Abb. 5, 6), und beleuchten schlaglichtartig anhand typischer Strukturen die Vielfalt der in den Quartärfolgen nachgewiesenen oft klimaspezifischen Prozesse.

Wie gering der „Nadelstich", die Einzelbohrung, oder die aus dem Zusammenhang gerissene einzelne Erscheinung gerade im Quartär zu bewerten ist, zeigt sich im norddeutschen Raum fallbeispielhaft dort, wo es auch in dicht abgebohrten Gebieten – auf messtischblattgroßen Flächen mit 10.000 bis 20.000 Bohrungen – mit mächtigem Glaziär gelegentlich nicht gelang, ein verlässliches Bild der Lithostratigraphie und Lagerung zu entwerfen. Nur die heute in Abwertung begriffene komplexe regionale Betrachtung (regionale Geologie!) macht uns den Blick frei für das Elisabethanische, die Shakespeare'sche Dramatik der Erdentwicklung vor allem in den Mittelbreiten der letzten 2 Millionen, mit höchster Steigerung in den letzten 500.000 Jahren.

Im Norddeutschen Tiefland lassen sich allein seit Beginn der Elstereiszeit über Inlandeisexpansion und -abbau, Entwicklung von Permafrostböden und ihren Zerfall, Hinweisen aus isotopengeochemischen Befunden und anderen Indikatoren mehr als fünfundzwanzig Trendwechsel unterschiedlicher Amplitude in der Klimaentwicklung feststellen.

Beiträge der Sächsischen Akademie der Wissenschaften zu Leipzig zur Quartär- und Klimaentwicklung

An der Sächsischen Akademie der Wissenschaften zu Leipzig (SAW) existieren zur Zeit zwei Arbeitsgruppen, die sich mit ihren Forschungsvorhaben zum Ziel gesetzt haben, das für das Norddeutsche Tiefland bisher erarbeitete stabile Gerüst der Umwelt- und Klimaveränderungen mit Ergebnissen moderner geochemischer Analyseverfahren zu untersetzen: Arbeitsgruppen „Quartärgeologie-Paläoklimatologie" und „Schadstoffdynamik in

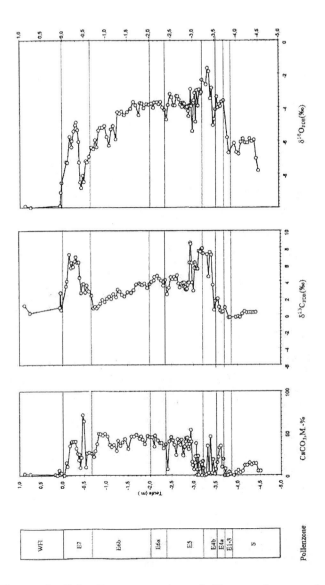

Abb. 5: Klimaverlauf der Eemwarmzeit nach Untersuchungen der stabilen Isotope in limnischen Karbonaten (CaCO₃) im Eem-Frühweichsel-Becken des Braunkohletagebaus Gröbern bei Gräfenhainichen (nach Böttger und Junge in: Litt et al., 1996).

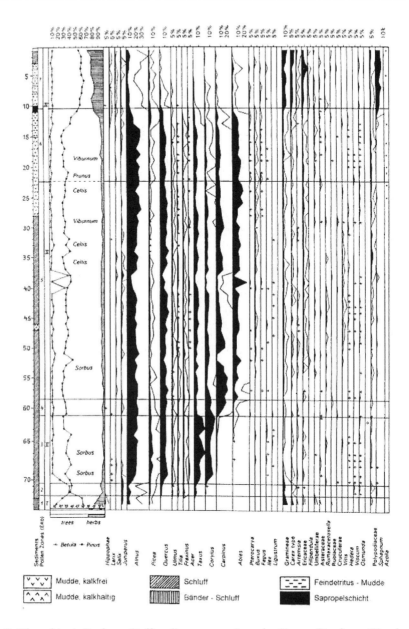

Abb. 6: Charakteristisches Pollendiagramm in glaziären Becken Norddeutschlands, Gröbern bei Gräfenhainichen.

Einzugsgebieten". Die in diesen Akademie-Langzeitvorhaben mit verschiedenen Methoden der Lumineszenzdatierung, der stabilen Isotope und der Elementgeochemie untersuchten Quartär- und Tertiärfolgen lieferten wichtige Ergebnisse so u.a. zur absolutzeitlichen Einordnung von Typuslokalitäten des Zeitraumes Saaleeiszeit–Eem–Interglazial–Weichseleiszeit bis Holozän, zur Temperaturentwicklung in Glazial-Interglazial-Wechseln (Eem–Frühweichsel, Spätglazial–Holozän) und zum geochemischen Inventar känozoischer Typusfolgen; bei letzterem insbesondere unter dem Gesichtspunkt von Auswirkungen des menschlichen Landschaftseingriffes in den natürlichen Stoffhaushalt von Flusssystemen (Auensedimente, Hochflutsedimente). Teilbereiche dieser Forschungsvorhaben erlangten in den letzten 10 Jahren eine Förderung im Rahmen verschiedener nationaler und internationaler Forschungsprogramme.

Ausgewählte Publikationen der SAW-Arbeitsgruppen

Eißmann, L. / Jäger, K.-D. / M. Krbetschek, M. [2003]. Vorhabenbericht Quartärgeologie–Paläoklimatologie. Jahrbuch der Sächsischen Akademie der Wissenschaften zu Leipzig 2001 bis 2002, Verlag der SAW zu Leipzig: 207-224, Hirzel Stuttgart/Leipzig.

Eißmann, L. / Junge, F. W. / Zerling, L. [2003]. Vorhabenbericht Schadstoffdynamik in Einzugsgebieten. Jahrbuch der Sächsischen Akademie der Wissenschaften zu Leipzig 2001 bis 2002, Verlag der SAW zu Leipzig, 225-264, Hirzel, Stuttgart/Leipzig.

Erfurt, G. / Krbetschek, M. R. [2002]. A Radioluminescence study of spectral and dose characteristics of common Luminiphors. Radiation Protection Dosimetry, 100: 403-406.

Müller, A. / Zerling, L. / Hanisch, C. [2002]. Geogene Schwermetallgehalte in Auensedimenten und -böden des Einzugsgebietes der Saale. Ein Beitrag zur ökologischen Bewertung von Schwermetallbelastungen in Gewässersystemen. Abhandl. Sächs. Akademie der Wissenschaften zu Leipzig, Math.-Nat. Kl., 59 (6), 122 S., Hirzel Stuttgart/Leipzig.

Junge, F. W. / Duckheim, W. / Morgenstern, P. / Magnus, M. [2001]. Sedimentologie und Geochemie obereozän-unteroligozäner Typusprofile aus dem Weißelsterbecken (Tagebau Espenhain). Mauritiana 18, 1: 25-59 (mit 8 Abbildungen, 4 Bildern, 6 Tabellen). Altenburg.

Böttger, T. / Junge, F. W. / Litt, T. [2000]. Stable isotope conditions in central Germany during the last interglacial. J. Quat. Sci., 15 (5): 469-473.

Geowissenschaften heute: Der Blick zurück in die Zukunft

Rolf Emmermann

Die geowissenschaftliche Forschung der letzten drei Jahrzehnte hat gezeigt, dass wir auf einem dynamischen Planeten leben, der unter dem Einfluss endogener und exogener Kräfte und Prozesse einem permanenten Wandel unterliegt und dessen spezifisches Charakteristikum intensive Interaktionen und Austauschprozesse von Materie und Energie zwischen seinen Kompartimenten – der Geosphäre, Hydrosphäre, Atmosphäre und Biosphäre – sind. Diese vollziehen sich auf ganz unterschiedlichen zeitlichen und räumlichen Skalen, sind miteinander gekoppelt und bilden verzweigte Ursache-Wirkung-Ketten.

Um unseren Lebensraum – von der regionalen Umwelt bis zur Erde insgesamt – zu verstehen, ist es deshalb notwendig, die Erde als System zu betrachten und dessen Funktionsweise global wie regional zu analysieren. Dabei gilt es insbesondere zu bewerten, wie sich die Tätigkeit des Menschen und sein Eingriff in die natürlichen Gleichgewichte und Kreisläufe dieses hochkomplexen, nichtlinearen „Systems Erde" auswirken.

Die rasante Entwicklung auf dem Gebiet der Geräte- und Messtechnik und die inzwischen verfügbaren Computertechnologien haben den Geowissenschaften in den letzten Jahren völlig neue Möglichkeiten an die Hand gegeben, Strukturen und Prozesse in allen zeitlichen und räumlichen Skalenbereichen hochaufgelöst zu erfassen, zu quantifizieren und numerisch zu simulieren. Das eingesetzte Spektrum an Methoden und Techniken reicht dabei von Satelliten- und Raum-gestützten Mess-Systemen über die verschiedenen Verfahren der geophysikalischen Tiefensondierung und wissenschaftliche Bohrungen bis hin zu Laborexperimenten unter simulierten In-situ-Bedingungen. Es wird ergänzt durch mathematische Ansätze zur Systemtheorie und die Modellierung von Geoprozessen.

Die Anwendung dieses Potenzials auf die Erforschung unseres Planeten dient dem Ziel, das System Erde insgesamt und die einzelnen Teilsysteme mit ihrer Vernetzung und mit ihren vielfältigen Rückkopplungen zu verstehen, globale Veränderungen infolge natürlicher Vorgänge von anthropogen bedingten Veränderungen zu unterscheiden und auf der Grundlage dieses System- und Prozessverständnisses Strategien zu entwickeln und Handlungsoptionen aufzuzeigen für den nachhaltigen Umgang mit unserem Lebensraum und den Schutz der Umwelt.

Drängende Probleme, zu denen die Geowissenschaften aufgrund ihres Systemverständnisses und ihrer umfassenden Kenntnis der Geschichte und Evolution unseres Planeten maßgebliche Beiträge leisten können, sind z.B. die Sicherung und umweltverträgliche Gewinnung natürlicher Ressourcen, insbesondere auch von Trinkwasser, die Nutzung und das Management des unterirdischen Raums, die Vorsorge vor Naturkatastrophen und die Minderung ihrer Folgen sowie die Bewertung der Klima- und Umweltentwicklung und des anthropogenen Einflusses hierauf. Durch ihren Blick zurück in die Vergangenheit unseres Planeten und das Verständnis der Ursachen und Folgen von allmählichen und abrupten Veränderungen sind die Geowissenschaften heute in der Lage, Projektionen in die Zukunft vorzunehmen, die physikalischen, chemischen und biologischen Toleranzgrenzen kritischer Zustände aufzuzeigen, Schwellenwerte zu definieren und den Eingriff des Menschen in das gekoppelte System Erde–Leben zu bewerten.

49

Geographisches Institut
der Universität Kiel

Bietet die Klimageschichte der letzten beiden Interglaziale Entscheidungshilfen für die Zukunft?

Burkhard Frenzel

Vorbemerkung

Soweit heute bekannt, ist der häufige Klimawechsel des Quartärs, der wiederholt zwischen Interglazialen und Glazialen oder Kaltzeiten vermittelt hatte, vor allem durch Änderungen der Erdbahnelemente ausgelöst worden. Trotz dieser gemeinsamen Grundlage hatten sowohl die Warm- als auch die Kaltzeiten jeweils ihre eigene Dauer und ihren eigenen Charakter gehabt. Wenn daher im Folgenden die letzten beiden Interglaziale und die Nacheiszeit, das Holozän, im Blick auf zukünftige Klimaänderungen betrachtet werden, so ist klar, dass es sich nie um die Erörterung homologer, sondern nur analoger Klimaentwicklungen handelt. Selbst die analogen Prozessabläufe sagen aber etwas über Generaltendenzen dieser Entwicklungen und über Probleme ihres Verständnisses aus, und sie liefern eine willkommene Grundlage, um Klimamodellrechnungen zu testen, da das zu Grunde liegende Tatsachenmaterial sehr umfangreich ist.

Grundzüge der Klimaentwicklung der letzten beiden Interglaziale und des Holozäns

Unter den letzten beiden Interglazialen sind hier das Holstein- und das Eem-Interglazial gemeint. Sie entsprechen vermutlich dem Marinen Isotopenstadium (MIS) 9 (Holstein) und sicher dem MIS 5e (Eem). Die Verknüpfung des MIS 5e mit dem terrestrischen europäischen Eem-Interglazial ist pollenanalytisch erwiesen (Turon 1984; Sánchez-Goñi et al. 2000), die des Holstein-Interglazials mit dem MIS 9 jedoch nicht. Für die zuletzt genannte Synchronisierung spricht allerdings, dass in dem Zeitraum zwischen Holstein- und Eem-Interglazial, also innerhalb der Saale-Eiszeit, trotz einer

50

sehr umfangreichen Diskussion der verschiedensten stratigraphischen Befunde noch kein selbständiges Interglazial zweifelsfrei nachgewiesen werden konnte, wohl aber bedeutende Wärmeschwankungen zu Beginn der Saale-Eiszeit. Sie könnten dem Marinen Isotopenstadium 7 entsprechen. Im vorliegenden Falle wird von dieser Synchronisierung ausgegangen.

Das Holstein-Interglazial hatte nach Jahresschichtenzählungen an ehemaligen norddeutschen Seen eine Dauer von ungefähr 15.000 Jahren (Müller 1974a), das Eem-Interglazial nach demselben Verfahren aber eine Länge von etwa 10.000 Jahren. Dies deckt sich nicht mit paläoklimatologischen Analysen an Tiefseebohrkernen. Diese gehen von systematischen δ^{18}O-Veränderungen ozeanischer Foraminiferenschalen aus, wobei die Altersdaten aus den Änderungen der Erdbahnelemente abgeleitet, „getunt", worden sind. Nach diesem Verfahren werden für das Eem-Interglazial Beginn und Ende u.a. auf die Zeit um 132.000 und 115.000 vor heute (v.h.) angesetzt (Shackleton et al. 2002), oder aber auf 125.000 und 107.000 bis 108.000 v.h. (McManus et al. 2002). Es gibt noch manche andere Daten, doch soll das Interglazial nach diesem Verfahren ca. 17.000 bis 18.000 Jahre gedauert haben. Die erwähnten terrestrischen Daten gehen aber von der mitteleuropäischen Vegetationsentwicklung aus, die an jahreszeitlich geschichteten See-Sedimenten erarbeitet worden ist. Hierbei gilt auch, dass in mediterranen oder gar subtropischen Klimaten Beginn und Ende der Interglaziale früher bzw. später als in Mitteleuropa fühlbar geworden sind (u.a. schon Brunnacker et al. 1981). Mitteleuropa präsentiert aber recht gut die entscheidenden Klimaschwankungen auf der an Landmasse reichen Nordhalbkugel. Es wird daher im Folgenden von diesen Werten für die Dauer beider Interglaziale und des Holozäns ausgegangen.

Am Ende des Eem-Interglazials hatte sich der Übergang von den sehr warmen Bedingungen des Klimaoptimums nach Jahresschichtenzählungen im Federsee-Becken Süddeutschlands (Frenzel und Bludau 1987) über einen Zeitraum von mindestens 3200 Jahren hingezogen. Für die entsprechende Vegetationsentwicklung werden in Norddeutschland auf Grund desselben Datierungsverfahrens (Müller 1974b) etwa 4000 Jahre angegeben. Der geringere Mindestwert Süddeutschlands dürfte mit einem Hiatus in der Sedimentfolge zusammenhängen. Es ist bemerkenswert, dass in Süddeutschland der Übergang von der interglazialen Nadelwaldvegetation zur tundraähnlichen Vegetation der anschließenden Kaltzeit nach Jahresschichtenzählungen 830 bis 850 Jahre gedauert hatte.

Die sehr große Zahl von Funden klimatisch recht anspruchsvoller Pflanzen- und Tierarten beider Interglaziale in weiten Teilen Europas zeigt, dass die

Temperatur während der Zeiten optimaler Bedingungen in Mitteleuropa ungefähr 2 bis 3°C über den heutigen Mittelwerten gelegen hatten, bei gebietsweise unterschiedlichen, doch generell erhöhten Niederschlagssummen. Dies betrifft das gesamte Holstein-Interglazial, im Eem-Interglazial aber besonders den zweiten Teil (*Carpinus-Abies*-Phase), als das Klima deutlich ozeanischer geworden war, als während des vorangegangenen Abschnittes. Diese wesentlich verbesserten klimatischen Verhältnisse gegenüber den heutigen Bedingungen galten für das gesamte Nordeurasien und für große Teile Nordamerikas (außerhalb der Präriezone; Frenzel et al. 1992).

Während beider Interglaziale war die nordhemisphärische Waldzone weit auf das Gebiet der heutigen Tundren vorgestoßen und hatte diese im Wesentlichen von den Kontinenten verdrängt. Es mag sein, dass die nordeurasiatische Steppenzone während des ersten Teiles des Eem-Interglazials weiter als im heutigen Naturzustand nach Norden vorgerückt war; während der Phasen ozeanischeren Klimas hatte sich aber genau das Gegenteil ereignet. Datierungsschwierigkeiten beeinträchtigen das Bild während der anfänglichen Zeit eines kontinentaleren Klimas des Eem-Interglazials.

Gemäß den Untersuchungen an dem von GRIP gewonnenen Eisbohrkern des zentralen Nord-Grönlands hatte dort das Klima des letzten Interglazials mehrfach sehr heftige Rückschläge erlitten (GRIP-Members 1993), die weder in der benachbarten Bohrung des GISP2-Projektes erkennbar sind (u.a. Souchez et al. 1995), noch bei den zahllosen pollenanalytischen Untersuchungen dieses Interglazials in Europa beobachtet werden. Bemerkenswerterweise sind inzwischen auch die erwähnten „Klimarückschläge" der GRIP-Bohrung recht kritikvoll diskutiert worden (Johnsen et al. 1995; vgl. hierzu auch Frenzel 2001). Hinsichtlich des mitteleuropäischen Holstein-Interglazials waren aber pollenanalytisch von Müller (1974a) vergleichbare „Klimarückschläge", die mehrfach von einer hochinterglazialen Waldvegetation zu einer tundra- oder waldtundraähnlichen Vegetation geführt haben sollen, beschrieben worden. Da jedoch die Pollenkurven wichtiger Waldbäume damals keineswegs gleichartig verlaufen waren und da klare Einwanderungsfolgen der verschiedenen Pflanzenarten aus diesen „interglazialen Kaltzeiten" zur nächsten Warmzeit desselben Interglazials fehlen, nehme ich an, dass es sich bei diesen „Kaltzeiten" um das Ergebnis subaquatischer Rutschungen handelt.

Das Holozän hat nach dendrochronologischen Datierungen bisher eine Länge von etwa 11.560 Jahren. Berger (1992) rechnet auf Grund der Erdbahnelemente damit, dass dieses Interglazial bei weiterhin – natürlich –

abnehmenden Temperaturen noch ungefähr 5000 Jahre andauern wird. Es hätte dann ungefähr eine Länge wie das Holstein-Interglazial erreicht.

Aufgaben für die Zukunft

Da beide betrachteten vorangegangenen Interglaziale deutlich höhere Winter- und Sommertemperaturen erreicht hatten als gegenwärtig beobachtet werden (in Mitteleuropa um 2 bis 3°C), bei zudem erhöhten Niederschlägen, hätte, so betrachtet, eine anthropogene Erwärmung des Klimas an sich nichts Bedrohliches. Hierbei ist zu berücksichtigen, dass der Gletscherrückzug nach der Kleinen Eiszeit seit ca. 1820 und 1850 n. Chr. sehr schnell verlaufen ist, obwohl die Industrialisierung damals erst gerade nur in Europa begonnen hatte, so dass der Verdacht nahe liegt, die zu Grunde liegende, schon anfangs schnelle Erwärmung sei mindestens damals auf natürliche Prozesse zurückzuführen, nicht aber auf den Menschen. Hierbei ist auch zu beachten, dass bei den Überlegungen, die den „anthropogenen Treibhauseffekt" zum Ziel haben, die entscheidend wichtigen etwaigen generellen und/oder regionalen Änderungen des Wasserdampfgehaltes der Atmosphäre und der Wolkenbedeckung nicht ins Kalkül einbezogen werden, da diese so außerordentlich schwer selbst für die jüngste Vergangenheit messend zu erfassen sind.

Schließlich hatte es im Holozän weltweit schon mehrere bemerkenswerte, schnelle Klimaschwankungen gegeben, unter denen eine Abkühlung um 3600 vor heute und die deutliche, schnelle Erwärmung des „Mittelalterlichen Klimaoptimums" Hinweise auf Schnelligkeit und Ausmaß natürlicher warmzeitlicher Klimaschwankungen geben können. Von diesem Blickwinkel aus drängt sich die Frage auf, ob nicht die Vorstellungen über Ausmaß, Geschwindigkeit und Gefahren des „anthropogenen Treibhauseffektes", der in der Zukunft schon recht bald wirksam werden soll, stark übertrieben sind.

Bei der Beantwortung dieser Frage stößt man allerdings schnell auf erhebliche Schwierigkeiten, die mit dem Eingriff des Menschen in die Ökosysteme zusammenhängen. Dieser Eingriff und seine Folgen dauern schon seit dem Beginn der Hochkulturen in Ost- und Südasien, Vorderasien und dem Mittelmeergebiet, in Europa, Mittelamerika und z.T. auch in Südamerika sehr viele Jahrtausende an, wenn auch gebietsweise unterschiedlich, ohne dass es bisher gelungen wäre, sie gut zu quantifizieren. Dies dürfte vielmehr eine ganz entscheidende Aufgabe zukünftiger Forschung sein, und zwar über die Länder- und Fächergrenzen hinweg. Hierbei sind vor allem zu nennen:

– Änderungen der sommerlichen und winterlichen Oberflächenalbedo durch die lange Tätigkeit des Menschen. Gerade in den nördlichen Breiten kommt dabei den Bedingungen der winterlichen Oberflächenalbedo eine sehr hohe Bedeutung zu.

– Änderungen und Steigerungen der Aërosolmengen, die sich als Kondensationskerne, aber auch als Stoffeinträge fernerer Gebiete äußern.

– Änderungen des Abflussverhaltens der Fließgewässer der verschiedensten Gebiete der Erde. Sie wirken sich auf Moorbildungen, Sedimentation, aber auch auf das Ausmaß der Evapotranspiration verschiedenster Vegetationseinheiten aus.

– Änderungen in der Eutrophierung der Seen und Randmeere, aber auch Sedimenteintrag in flache Meere. Die Folge sind geänderte Stoffumsetzungen, aber auch Beeinflussung der geomorphologischen Bedingungen an den Meeresküsten, die küstennahe Meeresströmungen beeinflussen.

– Beeinträchtigung der Wandermöglichkeiten von Tier und Pflanze, andererseits aber auch anthropogene Faunen- und Florensprünge.

Man steht vor der Aufgabe, diese und andere Fragen umfassend zu erforschen, besonders aber auch, Gegenmaßnahmen zu ergreifen. Gerade das Letztgenannte wird angesichts der großen Unterschiede im wirtschaftlichen Status der verschiedenen Staaten außerordentlich schwierig sein. Dennoch muß man gezielt anfangen, möglichst viele Aufgaben zu lösen, nämlich vor allem, zunächst die genannten Fragen zu beantworten; dann aber auch das Folgende zu unternehmen:

– so weit wie möglich wieder eine naturnahe Vegetation zu etablieren;

– hiermit gut verteilt Inseln zu schaffen, die für Wanderungen von Tieren und Pflanzen dienen können; das sollte bei der Ausweisung von Naturschutzgebieten generell dringend beachtet werden;

– den heute herrschenden Überfluss einzuschränken, vor allem aber ökologisch überflüssige, unsinnige Maßnahmen zu unterlassen;

– Fließgewässer wieder so weit wie irgend möglich, naturnah zu führen und den Wasserhaushalt der Landschaften, die bisher intensiv vom Menschen genutzt worden sind, wieder wesentlich naturnäher werden zu lassen.

Die vor uns liegenden Aufgaben sind sehr groß. Sie erfordern den vollen Einsatz, gerade auch der Geowissenschaften.

Literatur

Berger, A.L. [1992]. Astronomical theory of palaeoclimates and the last glacial-interglacial cycle. Quaternary Science Reviews 11: 571-581.

Brunnacker, K. / Schütt, H. / Brunnacker, M. [1981]. Über das Hoch- und Spätglazial in der Küstenebene von Israel. Beih. zum Tübinger Atlas des Vorderen Orients, Reihe A (Naturwissenschaften) Nr. 8; Frey, W./ Uerpmann, H.-P. (Hrsg.): Beiträge zur Umweltgeschichte des Vorderen Orients 61-79.

Frenzel, B. [2001]. Auswirkungen klimatischer und luftchemischer Faktoren auf die Geschichte der Vegetation. In: Guderian, R. (Hrsg.): Handbuch der Umweltveränderungen und Ökotoxikologie, Bd. 2B: Terrestrische Ökosysteme – Wirkungen auf Pflanzen – Diagnose und Überwachung – Wirkungen auf Tiere: 175-223, Springer: Berlin – Heidelberg – New York.

Frenzel, B. / Bludau, W. [1987]. On the duration of the interglacial to glacial transition at the end of the Eemian interglacial (deep sea stage 5e): botanical and sedimentological evidence. In: Abrupt climatic change. Evidence and implications. Berger, W. H. / Labeyrie, L. D. (eds.). Dordrecht: Reidel, pp. 151-162.

Frenzel, B. / Pécsi, M. / Velichko, A.A. (Hrsg.) [1992]. Atlas of palaeoclimates and palaeoenvironments of the Northern Hemisphere; Late Pleistocene – Holocene, 135 S., Fischer, Stuttgart.

GRIP-Members [1993]. Climate instability during the last interglacial period recorded in the GRIP ice core. Nature, 364: 203-207.

Johnsen, S.J. / Clausen, H.B. / Dansgaard, W. / Gundestrup, N.S. / Hammer, C.U. / Tauber, H. [1995]. The Eem Stable Isotope Record along the GRIP Ice Core and Its Interpretation. Quaternary Research 43: 117-124.

McManus, J.F. / Oppo, D.W. / Keigwin, L.D. / Cullen, J.L. / Bond, G.C. [2002]. Thermohaline Circulation and Prolonged Interglacial Warmth in the North Atlantic. Quaternary Research 58: 17-21.

Müller, H. [1974a]. Pollenanalytische Untersuchungen und Jahresschichtenzählungen an der holstein-zeitlichen Kieselgur von Münster-Breloh. Geol. Jahrb., Reihe A, H. 21: 107-140.

Müller, H. [1974b]. Pollenanalytische Untersuchungen und Jahresschichtenzählungen an der eem-zeitlichen Kieselgur von Bispingen/Luhe. Geol. Jahrb., Reihe A., H. 21: 149-169.

Sánchez-Goñi, M.F. / Turon, J.-L. / Eynaud, F. / Shackleton, N.J. / Cayre, O. [2000]. Direct land/sea correlation of the Eemian, and its comparison with the Holocene: a high-resolution palynological record off the Iberian margin. Geologie en Mijnbouw 79: 345-354.

Shackleton, N.J. / Chapman, M. / Sánchez-Goñi, M.F. / Pailler, D. / Lancelot, Y. [2002]. The Classic Marine Isotope Substage 5e. Quaternary Research 58: 14-16.

Souchez, R. / Lemmens, M. / Chapellaz, J. [1995]. Flow-induced mixing in the GRIP basal ice deduced from the CO_2 and CH_4 records. Geophys. Res. Let. 22: 41-44.

Turon, J.-L. [1984]. Direct land/sea correlations in the last interglacial complex. Nature, 309: 673-676.

Rohstoffe aus der festen Erde:
Nachhaltigkeit und Wasserressourcen

Peter Fritz

Trinkwasserressourcen aus dem Untergrund decken in Deutschland ca. 75% des gesamten Bedarfs, während Oberflächenwasser aus Flüssen und Seen in vielen Ländern die wichtigste Trinkwasserressource darstellt, so gewinnen die USA und Kanada etwa 75% des Trinkwassers aus Oberflächenwasser. Mit Blick auf die Nachhaltigkeitsdiskussion ist dies ein wesentlicher Aspekt, denn es ist schwierig, einen Fluss nachhaltig zu verschmutzen nicht so aber Grundwassersysteme.

Mit der politischen Wende in Deutschland hat sich zum Beispiel die Wasserqualität in den Flüssen Ostdeutschlands innerhalb ganz weniger Jahre – ja oft weniger Monate – von „tot" auf „lebendig" verbessert. Nicht so gut ist es um die Grundwasserressourcen bestellt, denn dort existieren nach wie vor massive Probleme, zurückzuführen vor allem auf die oft sehr lange Residenzzeit des Wassers in den Grundwasserleitern und die Retardation der Schadstoffe im Untergrund.

In der Diskussion um die Verbindung zwischen den Begriffen „Wasser und Nachhaltigkeit" heben sich zwei Diskussionsforen hervor: eines, das auf wissenschaftlicher Basis beruht, und das andere, das die politische Seite beinhaltet und dies, obwohl die wissenschaftliche Seite politisch relevant und die politische Seite wissenschaftlich korrekt sein will. Was notwendig ist, ist eine Vernetzung der beiden Plattformen, um lokal, regional und global effektiv zu sein.

Wasserforschung heute wird sich in jedem Fall mit der Frage der Nachhaltigkeit auseinander setzen müssen, denn es wird an vielen Stellen überdeutlich, dass die Übernutzung oder Verschmutzung der Wasserressourcen die natürliche Funktion von Grundwasserleitern in Mitleidenschaft zieht und damit deren nachhaltige Nutzung bedroht ist.

Nachhaltigkeit ist auch ein ethisches Prinzip, das sowohl auf die Gerechtigkeit zwischen Generationen blickt und gleichzeitig die Interaktion Mensch und Natur betrachtet.

Im wissenschaftlichen Bereich gibt es somit für uns zwei Handlungsebenen:

(1) Im Rahmen strikt kommerzieller Tätigkeit, bei der z.B. international tätige Firmen Grundwasservorkommen und deren Management übernehmen und für die Wasserversorgung und -entsorgung in einer Region verantwortlich werden. Im Rahmen dieser Aktivitäten wird mit Blick auf kommerzielle Aspekte und möglicherweise auch mit Blick auf eine notwendige Nachhaltigkeit in den Wasserversorgungsaktivitäten, die Forschung zur Ressource Wasser, deren Schutz und Dekontamination positiv aufgenommen werden und zu Umsetzungen führen. Hier ist die deutsche Wissenschaft in einer Spitzenposition.

(2) Die zweite Ebene fördert die Forschungsansätze, die es uns ermöglichen, in relativ unbekannte Regionen vorzudringen. Hier werden nichtkonventionelle Lösungen erwartet, z.B. in Regionen dieser Erde, in denen eine gesicherte Wasserversorgung nicht existiert und die kommerziell wenig interessant sind. Hier hat die Forschung Impulse für Fortschritte zu erbringen, wobei in diesen Regionen oft eine deutliche Vernetzung der wissenschaftlichen Aktivitäten mit politischen Forderungen besteht.

In beiden Ebenen setzt sich dabei zunehmend die Erkenntnis durch, dass Naturwissenschaften oder Ingenieurwissenschaften allein nicht ausreichen, um die wirklichen Wasserprobleme zu lösen. Diese Erkenntnis erreichte mit Johannesburg 2002 einen Höhepunkt, denn mit der Forderung, dass die Zahl der nicht mit sauberem Trinkwasser Versorgten bis 2010 zu halbieren sei, kommt die klassische Wasserforschung an ihr Ende. Es werden völlig neue Ansätze notwendig, bei denen sich die Naturwissenschaften und Ingenieurwissenschaften mit den Geisteswissenschaften vernetzen müssen, um gemeinsam die Strategien zu entwickeln, um diese Herausforderung zu erfüllen.

Die Helmholtz-Gemeinschaft versucht über die programmorientierte Förderung diesen Entwicklungen gerecht zu werden. Der Programmbereich Erde und Umwelt sieht das Thema Wasser als ein zentrales Thema, das sich in allen Programmen, die zur Förderung vorgeschlagen wurden, in interdisziplinären Themen wieder findet. Auch an den Deutschen Akademien der Wissenschaft werden diese Themen zunehmend zur Diskussion gestellt.

Die Bundesrepublik Deutschland hat sich zu diesen Verpflichtungen bekannt und muss in den kommenden Jahren neue Konzepte zur Umsetzung und Finanzierung dieser Verpflichtungen erarbeiten. Besonders wichtig wird dabei die Frage nach der nachhaltigen Entwicklung von marginalen und sehr verletzlichen Ökosystemen. Mit Blick auf Johannesburg kommt dabei der Wasserforschung in semiariden und ariden Gebieten große Bedeutung zu, da dort die Mehrheit der nicht mit sauberem Trinkwasser versorgten Bevölkerung lebt. Dies ist keine rein hydrogeologische Aufgabe, sondern auch ein soziales und ökonomisches Problem, ein Problem der Verteilungssysteme und der Wiederaufbereitungsanlagen, der Entsorgung der Reststoffe und Salze sowie der ökologischen Stabilität einer Landschaft.

In diesem Zusammenhang ist die deutsche Umweltforschung und ganz besonders die Wasserforschung als ein Exportgut anzusehen, denn Auslandstätigkeit kann Industrie unterstützen, und über den Bildungsmarkt können Studenten und Wissenschaftler nach Deutschland kommen; beides ist mit ökonomischen Vorteilen verbunden.

Klimaoptima der Nacheiszeit

Postglaziale Klimageschichte zwischen Mont Blanc und Bernina

Gerhard Furrer

Fledermausskelettfunde einer heute in der Schweiz ausgestorbenen wärme-liebenden Hufeisennase in Karsthöhlen der Alpen deuten auf ein wärmeres Klima um 3900 BP (um 2300 BC) hin (Morel, 1989). Klimaschwankungen belegen Botaniker mit Hilfe der Vegetationsgeschichte sowie Geographen, die Wechsel in der geomorphologischen Aktivität der Hochgebirgsstufe nachweisen.

Erdströme – eine Solifluktionsform

In der subnivalen Höhenstufe sind Hänge oft von einer Schuttmasse be-deckt, die sich talwärts in zungenförmige Ausläufer auflöst. Die Typusloka-lität dieser als Erdströme bezeichneten Formen liegt im Unterengadin (Fur-rer, 1954). Die vegetationsfreie Oberfläche dieser solifluidalen Schuttdek-ken ist durch aufsitzende, jüngere Zungen gegliedert. Die steilen, bis etwa einen Meter hohen Zungenränder sind vegetationsbedeckt; die Erdströme bilden innerhalb der Hochgebirgsstufe den Übergang vom Frostschutt zum alpinen Rasen.

Entsprechend dem Solifluktionscharakter sind die Längsachsen der durch Frostsprengung vom Anstehenden losgelösten kantigen Steine im silt-(schluff-)reichen Material der verschieden alten, sich überlagernden Soli-fluktionsdecken besonders häufig falllinientreu angeordnet.

Grabungen belegen, dass die aufsitzenden Zungen jüngeren Soliflukti-onsphasen angehören: Sie sind nämlich durch humose A-Horizonte fossiler Böden (fAh) von den liegenden Solifluktionsdecken getrennt. Diese Böden widerspiegeln ehemalige Oberflächen. In ein- und demselben Grabungspro-fil konnten bis zu fünf verschieden alte fAh-Horizonte nachgewiesen werden, die sechs verschieden alte Solifluktionsdecken bzw. -phasen voneinander trennen.

Wir deuten die fossilen Böden als autochthone Bildungen. An ihrer Oberfläche steht einem Absinken des Karbonatgehaltes ein Ansteigen des Kohlenstoffgehaltes gegenüber. Dünnschliffe der fAh-Horizonte belegen gleichmäßige Verteilung des Humus. Es liegen in den Humushorizonten keine Anzeichen von Verlagerungsprozessen vor – im Gegensatz zur vegetationsfreien Oberfläche, wo die Solifluktion noch heute andauert.

Im Gegensatz zu den pollenarmen Solifluktionslagen belegen Pollenspektren der fAh-Horizonte ehemaligen weniger bis ziemlich dichten alpinen Rasen oberhalb der Baumgrenze – sogar dichteren als heute am selben Standort! Solcher Vegetationsschluss behindert die Solifluktion oder schließt diese flächenhafte Massenbewegung aus. Er weist auf klimagünstigere Zeiten hin als die an Frostwechselklima gebundenen Solifluktionslagen. So folgen beim Aufbau der Erströme morphologisch aktive Phasen der Solifluktion solchen (relativer) morphologischer Ruhe zu Zeiten der Bodenbildung.

Die bisher älteste Bodenbildungsphase auf 2400 m ü M kann mit Hilfe von Radiokarbondatierungen ins junge Spätglazial eingestuft werden, was pollenanalytisch (böllingzeitlich) untermauert ist (Beeler, 1977). Diese Klimagunstphase liegt zeitlich zwischen den daun- und egesenzeitlichen Gletschervorstößen, welche die Dimensionen der Hochstände der kleinen Eiszeit (Neuzeit) weit übertrafen.

Eine der jüngsten Bodenbildungs- und damit Klimagunstphasen im Unterengadin spielte sich vor der kleinen Eiszeit ab. Sie wurde durch Wärmemangel und Frostwechsel der letzten Gletscherhochstandphase beendet. Ihre zugehörigen fAh-Horizonte mit ^{14}C-Altern um 600 BP wurden in Erdströmen, aber auch in einer nahegelegenen Schutthalde nachgewiesen (Brenner, 1973).

Schlechte Aufschlussverhältnisse erschweren ein systematisches Studium des Schutthaldenaufbaus. Trotzdem erhärtet sich die Auffassung, dass auch diese Akkumulationsform in klimatisch verschiedenen Phasen aufgebaut wurde: Frostwechselreiche Klimate fördern durch Spaltenfrost im Anstehenden über den Schutthalden den Steinschlag. Lässt dieser deutlich nach, gewinnen auf Schutthaldenoberflächen Vegetation und Bodenbildung die Oberhand gegenüber der Schuttzufuhr. Dabei ist zu bedenken, dass die Bodenbildung nicht nur vom Klima, sondern auch von der relativen Lage der Pflanzenrefugien und vom Substrat abhängt. Letzteres erschwert auf stein- und blockreichen Schutthalden die Bildung von Humushorizonten.

Gletscherschwankungen der Nacheiszeit

Um mehr über die Klimagunstphasen zu erfahren, verlassen wir den Periglazialraum der Nacheiszeit und wenden uns den Gletschervorfeldern der Neuzeit zu. Vor gut 30 Jahren begann ich mit meinen Schülern, eine alpine Gletschergeschichte zu schreiben. Besonderes Augenmerk ist den Minimalständen („Rückzugsphasen") gewidmet. Dabei stützen wir uns auf fossile organische Bildungen: autochthone Humushorizonte und Torflager sowie Bäume, besonders wenn deren Wuchsort dank Wurzelstrünken bekannt ist. Die daraus gewonnenen zeitlichen Daten (^{14}C und dendrochronologische) geben In-situ-Alter wieder. Diese ermöglichen uns, Lageänderungen von Gletscherrändern örtlich und zeitlich zu erfassen.

In der Regel trennt eine scharfe Grenze – der Endmoränenwall aus der Mitte des 19. Jh. („1850") – den alpinen Rasen vom frostsprengungsreichen Grundmoränenmaterial des Gletschervorfeldes. In wenigen, aber günstigen Fällen liegt extramorän nahe „1850" ein Moor. Bohrungen in Letzterem fördern Kerne zutage, die ausschließlich aus Torf bestehen. ^{14}C-Datierungen der untersten Torfprobe ergeben Alter von 9600 bis 9000 BP. Also hat sich außerhalb der Hochstandsmoräne „1850" während der letzten rund 9500 Jahre Torf ohne Störung durch einen Gletschervorstoß gebildet. Während 10.000 Jahren erreichten daher sämtliche Gletschervorstöße höchstens das Ausmaß des letzten Vorstoßes von „1850". „1850" zeigt somit die maximal mögliche Distanz aller nacheiszeitlichen Gletschervorstöße im Gelände an.

Humushorizonte fossiler Böden gliedern die wallförmigen Seitenmoränen[1]. Diese sind daher aus Material von mehreren Gletschervorstößen aufgebaut worden, wobei die nächstjüngere Moränenablagerung den vorangehenden alpinen Rasen fossilisierte.

Die Auswertung aller Fundorte organischen Materials zwischen Mont Blanc und Bernina erlaubte es, die Nacheiszeit in Klimagunstphasen mit „minimaler" Stirnlage der Gletscher und Gletschervorstöße zu gliedern. Besonders fallen dabei Klimagunstphasen auf, die von kleineren Gletschern als heute Zeugnis ablegen:

– Erstes postglaziales Klimaoptimum[2], rund 9000 bis 6000 BP konv.

– Zweites postglaziales Klimaoptimum um 4000 BP (Fledermäuse!)

– Optima zur Bronze- und Römerzeit sowie im Mittelalter um 900 A.D.

Die Zeugen der echten, absoluten Minimalstände, besonders von Gletschern überfahrene Bäume, liegen noch unter Eis – von wenigen, aus Spalten geborgenen Exemplaren am Gletscherrand abgesehen. Daher sind wir über tatsächliche Enteisungen während Klimagunstphasen nicht unterrichtet.

Ausblick

Die postglazialen Klimaoptima waren in der alpinen Hochgebirgsstufe für die Bodenbildung und kleine Gletscherausmaße verantwortlich. Die gleichzeitige geomorphologische Aktivität war gering. Stets folgen auf die Klimagunstphasen Solifluktion, Steinschlag und Gletschervorstöße. Entsprechende Rückschläge erlitt die Waldgrenze. Diese Wechsel scheinen unbekümmert von anthropogenen Einflüssen vor sich gegangen zu sein; so sind beispielsweise nach dem frühen menschlichen Eingriff durch die bronzezeitliche Brandrodung in Europa die Gletscher mehrmals wieder gleichweit vorgestoßen wie vorher. Andauer und/oder Auswirkungen der heutigen Klimagunstphase, die nach der kleinen Eiszeit einsetzte, haben die Wirkungen früherer Warmphasen noch nicht überboten. Möge diese Erkenntnis in die Beurteilung der Gegenwart Eingang finden.

Anmerkungen

1) Mein Schüler Röthlisberger hat fAh-Horizonte in Wallmoränen aller großen Hochgebirge nachgewiesen. Röthlisberger, F. [1986]: 10.000 Jahre Gletschergeschichte der Erde. Sauerländer, Aarau/Frankfurt am Main/Salzburg. – In der Arktis liegt unter dem Außenrand von Wallmoränen oft überfahrenes organisches Material, nämlich ehemalige Vegetation der Tundra, welche zur Altersbestimmung von Gletscherhochständen und als Beleg für Klimaverbesserungen herangezogen werden kann. Furrer, G. [1994]: Zur Gletschergeschichte des Lifdefjords/NW-Spitzbergen. Z. Geomorph. N. F. Suppl.-Bd. 97, S. 43-47.

2) Dieser Phase kleiner Gletscherstände entspricht eine gegenüber heute um etwa 150 m öher liegende Waldgrenze. In dieser Zeit haben die Gletscher nicht geruht: Viele sind wahrscheinlich verschwunden, andere haben in größerer Höhe gestirnt. Deren Vorstöße sind uns bis heute verborgen geblieben, weil sie sich oberhalb des Niveaus der heutigen Zungenenden abspielten. Einzelne Gletschervorstöße innerhalb dieser postglazialen Wärmezeit, die ganz knapp das Niveau der heutigen Stirnlagen erreichten, glauben wir nachweisen zu können.

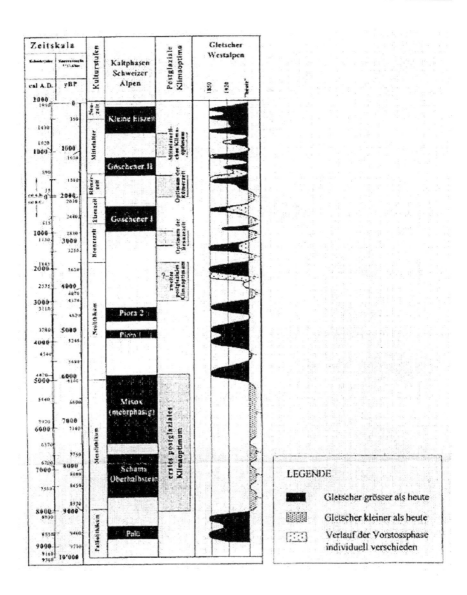

Abb. 1: Hochstände als Folge von Vorstößen und Klimaoptima während der Nacheiszeit (Postglazial). Quelle: Hydrologischer Atlas der Schweiz, nach H. P. Holzhäuser und H. J. Zumbühl. Aus Furrer, 2001.

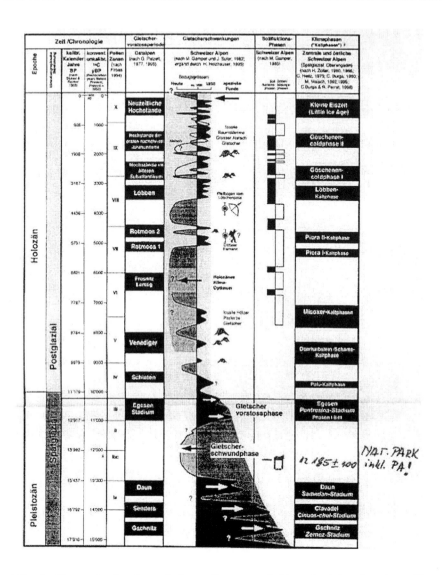

Abb. 2: Chronologie des alpinen Spät- und Postglazials, heutiger For-
schungsstand zusammengestellt von M. Maisch, 2001 (basierend
auf: Lozan, J. L., Grassl., H., Hupfer, P., Hrsg.: Das Klima des 21.
Jahrhunderts, Warnsignal Klima, Wissenschaftliche Auswertungen,
GEO, Hamburg, 1998, S. 215). Aus Furrer, 2001.

Globale Erwärmung – Mensch und/oder Natur?

Hartmut Graßl

Besonderheiten der Atmosphäre der Erde

Die Atmosphäre des Planeten Erde ist dadurch charakterisiert, dass ihre Spurenstoffe, und nicht die Hauptanteile, die besonders klimarelevanten Bestandteile sind. Der Volumenanteil aller langlebigen für die Strahlungsübertragung wichtigen Spurengase, es sind Kohlendioxid (CO_2), Distickstoffoxid (N_2O, Lachgas) und Methan (CH_4), betrug während der Intensivphasen der jetzigen Eiszeit jeweils nur etwa 0,2 Promille und stieg in den vergangenen vier Zwischeneiszeiten auf ca. 0,3 Promille an. Seit über 400000 Jahren bis zum Beginn der Industrialisierung vor ca. 200 Jahren erreichte der Volumenanteil des CO_2 höchstens 300 Millionstel (ppmv). Zusammen mit den beiden kurzlebigen klimarelevanten Gasen, dem Wasserdampf (H_2O) und dem Ozon (O_3) sowie den Aerosolteilchen, den Wolkentröpfchen und den Eiskristallen in Wolken überschreitet der Massenanteil der Spurenstoffe der Atmosphäre 3 Promille nicht. Dennoch wird die Energie von der Sonne, die die Erdoberfläche erreicht, und der Ort der Abstrahlung von Wärmeenergie in den Weltraum von diesen geringen Mengen dominiert.

Veränderte Zusammensetzung der Atmosphäre

Das Klima der Erde hängt nicht nur von der Größe des Planeten, seinem Abstand zur Sonne und deren Helligkeit sowie der Lage der Kontinente ab, sondern auch ganz wesentlich von den Spurenstoffen in der Atmosphäre. Mit der fortschreitenden Industrialisierung hat sich die Spurenstoffkonzentration, gemessen an der Geschwindigkeit natürlich vorkommender Veränderungen, dramatisch schnell erhöht: Für CO_2 von 275 auf jetzt über 370 ppmv, für CH_4 von 0,7 auf 1,75 ppmv und für N_2O von 0,28 auf

0,315 ppmv. Dass der Anstieg anthropogen ist, ist unumstritten (IPCC, 2001a). Da diese Gase Sonnenstrahlung nur sehr schwach absorbieren, aber im Wärmestrahlungsbereich bei erhöhter Konzentration zusätzlich absorbieren, hat der natürliche Treibhauseffekt eine anthropogene Verstärkung erfahren (siehe Kasten „Der Treibhauseffekt"). Diese stößt eine Erwärmung an der Erdoberfläche und in der unteren Atmosphäre sowie eine Abkühlung in der mittleren bis oberen Stratosphäre (oberhalb 15-20 km) und der Mesosphäre (von 50 bis ca. 85 km) an. Wie stark diese Temperaturänderungen sind, wie sie regional variieren und wann sie voll eintreten, hängt nicht nur von vielen Rückkopplungen im Klimasystem, vor allem im Wasserkreislauf, ab sowie von anderen Folgen der Aktivitäten des Menschen, z.B. der erhöhten Lufttrübung, sondern auch von den stets vorhandenen natürlichen Klimaänderungen, z.B. der variablen Strahlkraft der Sonne.

Der Treibhauseffekt

Behindern Bestandteile der Atmosphäre eines Planeten das Vordringen der Energie des Zentralgestirns (Sonne) zur Oberfläche weniger als die Abstrahlung von Wärme in den Weltraum, so muss sich zur Erreichung des Gleichgewichts zwischen absorbierter und zurückgestrahlter Energiemenge die Oberfläche erwärmen. Die Erhöhung der Oberflächentemperatur im Vergleich zur Atmosphäre ohne diese Bestandteile wird Treibhauseffekt genannt, in grober Analogie zur Wirkung von Glas im Treibhaus eines Gärtners.

Die wichtigen und natürlich vorkommenden Treibhausgase der Erdatmosphäre, nämlich Wasserdampf, Kohlendioxid, Ozon, Lachgas und Methan (falls entsprechend ihres Beitrags gereiht), erhöhen die Temperatur an der Oberfläche um 30 bis 35 Grad. Der genaue Wert hängt von der Annahme über die Rückstreufähigkeit der Erdoberfläche für Sonnenlicht ab, die von Kontinenten und ihrem Bewuchs sowie dem Anteil an Ozeanoberfläche bestimmt wird.

Es ist eher die hohe Geschwindigkeit, mit der sich die Zusammensetzung der Atmosphäre zur Zeit vor allem durch das Verbrennen von Erdöl, Kohle und Erdgas ändert, als die absolute Höhe der bisher erreichten Spurenstoffkonzentrationen, die globale Klimaänderungen durch den Menschen zu einem Problem machen. Langfristig spielt jedoch auch die globale Mitteltemperatur eine zentrale Rolle, weil bei ungebremsten Emissionen der dem homo sapiens bekannte Klimabereich schon im 21. Jahrhundert verlassen wird.

Beobachtete Klimaänderungen im 20. Jahrhundert

Das vergangene Jahrhundert war gekennzeichnet durch eine in zwei Schüben beobachtete mittlere Erwärmung der Luft in Oberflächennähe (ca. 2 m Höhe), denn nur dieser Parameter wird reproduzierbar an vielen Orten und auf Schiffen durch die meteorologischen Dienste gemessen. Von 1900 bis 1940 war der Anstieg weniger steil als der seit ca. 1975. Die beobachtete Erwärmung um 0,6 °C (es sind bereits 0,7°C, wenn die ersten Jahre unseres Jahrhunderts hinzugenommen werden) im 20. Jahrhundert ragt eindeutig über alle Werte der vergangenen 1000 Jahre heraus, soweit sie für die nördliche Erdhälfte aus Paläoindikatoren wie Eisbohrkernen, Baumringen, Seesedimenten, etc. erschlossen werden konnten (IPCC, 2001a). Zu dieser Erwärmung in Oberflächennähe passen viele weitere Befunde, von denen hier nur einige wenige angegeben werden:

– Schrumpfung der Gebirgsgletscher, äquivalent zu ca. 30 cm Eisverlust pro Jahr in den letzten Jahrzehnten falls auf die Gesamtfläche umgerechnet (Haeberli et al., 2001). Die Eismasse in den Alpen ist seit dem letzten Höchststand der Gletscher um 1850 um ca. 60% geschrumpft.

– Zunahme der Niederschlagsmenge in vielen hohen nördlichen Breiten ganzjährig und in höheren mittleren Breiten im Winterhalbjahr sowie Abnahme in vielen semi-ariden und ariden Gebieten (IPCC, 2001a).

– Abkühlung der unteren Stratosphäre insbesondere in mittleren und hohen Breiten in den vergangenen Jahrzehnten.

– Zunahme der Niederschlagsmenge pro Ereignis in fast allen Gebieten mit zunehmender, stagnierender oder nur leicht abnehmender Gesamtmenge, und damit erhöhte Häufigkeit von Sturzfluten.

– Schrumpfung der Tagesamplitude der Temperatur über den meisten Landgebieten mit ausreichend langen Zeitreihen. Dies kann Folge der Zunahme der Lufttrübung, der Bewölkung und/oder der Gegenstrahlung im Wärmestrahlungsbereich sein.

Entdeckung und Zuordnung des anthropogenen Signals

Im März 1995 ging Klaus Hasselmann vom Max-Planck-Institut für Meteorologie in Hamburg mit dem Befund „Das anthropogene Temperatursignal ist entdeckt" an die Öffentlichkeit. Als erster hatte er mit seiner Gruppe (Hegerl et al., 1996) aus Daten zum Strahlungsantrieb, den Erwärmungsmustern als Funktion von Jahreszeit, Geographie und Höhe in der Atmosphäre, den Rechnungen mit einem gekoppelten Atmosphäre/Ozean/Land-Modell und einer eigenen statistischen Methode zur Entdeckung des Fingerabdrucks das aus dem Rauschen natürlicher Schwankungen heraus-wachsende Temperatursignal mit geringer Irrtumswahrscheinlichkeit iso-liert. Da andere Gruppen rasch mit veränderten Ansätzen und Methoden Ähnliches fanden, wurde im Dezember 1995 vom IPCC Plenum akzeptiert: *The balance of evidence suggests a discernible human influence on global climate* (IPCC, 1996). Im dritten bewertenden Bericht (IPCC, 2001a) wur-de diese Aussage auf der Basis neuer Befunde nicht nur verschärft, sondern es wurden auch erste Zuordnungen gewagt. So ist z.B. die jüngste Erwär-mung als überwiegend anthropogen und die Erwärmung im frühen 20. Jahrhundert als von erhöhter Abstrahlung der Sonne und erhöhtem Treib-hauseffekt gemeinsam bewirkt bezeichnet worden. Darüber hinaus ist die kräftige Abkühlung in der unteren Stratosphäre in mittleren und hohen Breiten (sie erreichte teilweise über 1°C in den letzten Jahrzehnten) mehr von der Ozonabnahme als durch den erhöhten Treibhauseffekt bedingt.

Dennoch ist die Empfindlichkeit des Klimasystems gegenüber Strahlungs-bilanzstörungen durch den erhöhten Treibhauseffekt noch immer nur mit großer Spannweite anzugeben, weil nicht alle Rückkopplungen ausreichend bekannt sind. Insbesondere die Reaktion der Bewölkung bleibt unsicher, solange keine weltweiten Messungen des vertikalen Verlaufs von flüssigem Wasser und des Eises in Wolken existieren und die entsprechenden Para-meterisierungen in den Modellen keinem Härtetest unterzogen werden können.

Neue Wetterextreme

Gesellschaften haben sich immer an Klimaänderungen anpassen müssen. Gelang dies nicht, sind sie in günstigere Regionen geflohen oder gar ausge-storben. Dabei waren es immer die Wetterextreme, die mit jeder Klimaän-derung verbunden sein müssen, welche die Existenz bedrohten. Auch heute ist es die sicherheitsrelevante Infrastruktur, die bei Wetterextremen versagt, und die dann wieder angepaßt werden muss. Bei mittlerer globaler Erwär-mung muss vielerorts insbesondere mit erhöhter Niederschlagsmenge pro Ereignis gerechnet werden, d.h. Siele, Deiche an Flüssen, Reservoirgrößen, Rückhaltebecken werden unangepasst klein, und meist werden sie erst nach Katastrophen kostspielig angepasst (siehe Hochwasser der vergangenen Jahre in Italien, Deutschland, Frankreich, Polen, Österreich, Tschechien). Dabei ist die Beweisführung mit veränderten Verteilungsfunktionen die sicherste Früherkennung einer Klimaänderung, aber dennoch auch in Mitteleuropa mit den längsten Messreihen erstaunlich unterentwickelt. Wo sie existiert, ist klar erkennbar die 2. Hälfte des 20. Jahrhunderts mit veränderten Verteilungsfunktionen bei Menge und Jahresgang des Niederschlags ausgestattet. In anderen Worten: unsere Infrastruktur ist nicht mehr angepasst oder das Risiko wetterbedingter Katastrophen ist gewachsen. Ist die Region, wie es für die meisten Entwicklungsländer gilt, schlecht geschützt, also leichter verwundbar, so wird die große ethische Bedeutung der Klimaänderungen durch den Menschen sichtbar. Besonders Betroffene sind oft nicht die Verursacher und letztere können sich darüber hinaus leichter schützen bzw. anpassen.

Blick in die Zukunft

Bei fehlendem Klimaschutz ist eine anthropogene Klimaänderung in das 21. Jahrhundert gedrängt, die natürlicherweise bestenfalls in Jahrtausenden abläuft: Eine mittlere globale Erwärmung, die mit einigen Grad bis 2100 nicht nur alle Erfahrung des Homo sapiens, sondern auch die Anpassungsfähigkeit vieler Ökosysteme übersteigt (IPCC, 2001b). Für eine Zukunft mit verringertem Risiko, vor allem wetterbedingter Katastrophen, ist daher nicht nur die Ratifizierung des Kioto-Protokolls notwendig, sondern eine von den Vereinten Nationen koordinierte Umweltpolitik, die langfristig das globale Energieversorgungssystem auf erneuerbare Energieträger stützt, sich also vergleichsweise rasch von den fossilen Energieträgern Kohle, Erdöl und auch Erdgas im 21. Jahrhundert verabschiedet. Diese wird sich vor allem bei Internalisierung externer Kosten der Energieversorgung rasch als die kostengünstigere Option herausstellen (WBGU, 2003).

Literatur

Hegerl, G.C. / von Storch, J. / Hasselmann, K. / Santer, B.D. / Cubasch, U./ Jones, P.D. [1996]. Detecting greenhouse gas induced climate change with an optimal fingerprint method. J. Climate, 9, 2281-2306.

Haeberli, W. / Hoelzle, M. / Maisch, M. [2001]. Glaciers as key indicators of global climate change. In: Climate of the 21st Century: Changes and Risks, J. Lozán / H. Graßl / P. Hupfer (Hrsg.), Wissenschaftliche Auswertungen, Hamburg, Germany ISBN 3-00-002925-7.

IPCC (Intergovernmental Panel on Climate Change) [1996]. Climate Change 1995 – The Science of Climate Change: Contribution of Working Group I to the Second Assessment Report of the Intergovernmental Panel on Climate Change. Hrsg.: J.T. Houghton / L.G. Meira Filho / B.A. Callander / N. Harris / A. Kattenberg / K. Maskell, Cambridge University Press, Cambridge, UK.

IPCC (Intergovernmental Panel on Climate Change) [2001a]. Climate Change: The Scientific Basis. Contribution of Working Group I to the Third Assessment Report (TAR). Cambridge University Press, Cambridge, UK.

IPCC (Intergovernmental Panel on Climate Change) [2001b]. Impacts, Adaptation, and Vulnerability. Cambridge University Press, Cambridge, UK.

WBGU (Wissenschaftlicher Beirat der Bundesregierung Globale Umweltveränderungen) [2003]. Welt im Wandel – Energiewende zur Nachhaltigkeit. ISBN 3-540 401 601.

Erdbeben:
Gefährdung, Vorhersage, Frühwarnung und Risiko

Gottfried Grünthal

Erdbeben gehören zu den größten Bedrohungen der Menschheit durch Naturkatastrophen. Durch Einzelereignisse waren in der Historie bis über 800.000 Todesopfer zu beklagen. Die letzte extreme Beben-Katastrophe verursachte das Tangshan-Beben 1976 in China mit 290.000 Toten, nach inoffiziellen Schätzungen 655.000. Das bisher katastrophalste Beben Europas war das Messina-Beben (Italien) von 1908, dem 86.000 Menschen zum Opfer fielen. Katastrophalste Beben sind nicht notwendigerweise die stärksten Beben. Katastrophen werden durch eine hohe Besiedlungsdichte bedingt. Die von ihrer Energiefreisetzung größten bisher beobachteten Beben seit 1900 traten im zirkumpazifischen Bebengürtel auf, oftmals in nahezu unbewohnten Gebieten und somit teilweise ohne Todesfolgen.

Wie jüngste Statistiken zu den Naturkatastrophen im 20. Jahrhundert ausweisen, kamen von insgesamt 4,06 Mio. Todesopfern 50,9% durch Erdbeben um, 0,5% durch bebenbedingte Tsunamis, 0,1% durch teilweise erdbebenbedingte Erdrutsche, 29,7% durch Überschwemmungen, 16,9% durch Stürme und 1,9 % durch Vulkanausbrüche.

Hinsichtlich der verheerendsten Beben in Europa in den letzten Jahrzehnten sei z.B. an das Süditalienbeben (Jrpinia) 1980 mit einer Magnitude M=6,9 erinnert mit 4700 Toten und 20 Mrd. US-$ Schäden oder an das Athenbeben 1999, M=5,9, 145 Toten und 3,5 Mrd. US-$ Schäden.

Betrachtet man die schadenverursachenden Naturereignisse in Deutschland der letzten 25 Jahre, fallen Beben hinsichtlich Anzahl und volkswirtschaftlichen Schäden kaum ins Gewicht. Dies führt zu einer trügerischen Sicherheit und Unterschätzung dieser Gefahr. Im Gegensatz dazu stehen die erwarteten Schadenspotenziale durch Erdbeben, die die Rückversicherungsunternehmen ins Kalkül ziehen. Hier sind es die Erdbeben, die mit größten

Schadenssummen zu Buche schlagen. Es sind die sehr seltenen, aber eben zu berücksichtigenden Ereignisse, die aufgrund der hohen Akkumulation und Konzentration von Werten zu erwarteten Schadenssummen von z. B. 13 Mrd. ¤ für den Raum Köln im Falle eines Bebens der Stärke desjenigen von Athen (vgl. oben) nahe der Stadt führen würden (nach Münchener Rück). M=5,9 Beben treten in Deutschland im Mittel einmal pro Jahrhundert auf. Die Schweizer Rückversicherungs-AG schätzt für den Wiederholungsfall des Basel-Erdbebens von 1356 den Gesamtschaden allein in der Schweiz auf 60 Mrd. ¤. Berücksichtigt man auch die Schäden in Frankreich und Deutschland, wäre der Betrag um einen Faktor von 2-3 höher anzunehmen. Beim Vergleich der Risiken aus den Naturgefahren, die die Schweiz bedrohen, nimmt die Gefährdung durch Erdbeben die führende Position ein.

Erdbebengefährdung bedeutet die Wahrscheinlichkeit des Auftretens von Bodenbewegungen von bestimmter Stärke, an einem bestimmten Ort und innerhalb eines bestimmten Zeitintervalls. Die Erdbebengefährdung beschreibt also die mögliche Erschütterungsbeeinflussung und ist damit naturgegeben und nicht reduzierbar. Erbebengefährdungskarten bilden die ingenieurseismologische Grundlage erdbebengerechten Bauens als einzige Möglichkeit eines nachhaltigen Schutzes, denn nicht die Erdbeben als solche führen zu Schäden und Todesopfern, sondern die unzureichend erdbebensicher ausgelegten Gebäude.

Um für einen Punkt eine Erdbebengefährdungsanalyse auf wahrscheinlichkeitstheoretischer Grundlage vorzunehmen, sind geophysikalische, geologische und geodätische Daten im Umkreis von 200-300 km einzubeziehen – inklusive der Unsicherheiten und Fehler in allen Ausgangsdaten.

Die erste, auf einheitlicher wissenschaftlicher Grundlage berechnete Weltkarte der Erdbebengefährdung (Abb. 1) wurde im Rahmen der Internationalen UN Dekade zur Verminderung der Auswirkungen von Naturkatastrophen (IDNR) als globales Demonstrationsprojekt GSHAP (Global Seismic Hazard Assessment Program) erarbeitet.

Mehr als 300 Seismologen waren hieran weltweit beteiligt. Für den größten Teil der Erde bedeutete dies die erste probabilistische Erdbebengefährdungsabschätzung überhaupt. Zudem war mit diesem Projekt ein breiter Know-how-Transfer verbunden.

Das GFZ Potsdam war im Rahmen von GSHAP als Regionalzentrum (unter Leitung vom Autor) verantwortlich für die Gefährdungsberechnungen für Europa, den Nahen und Mittleren Osten sowie Afrika. Eigene harmoni-

73

sierte Gefährdungsanalysen wurden am GFZ Potsdam für Europa ausgeführt. Das GSHAP Testgebiet seitens des Regionalzentrums Potsdam waren die D-A-CH Staaten Deutschland, Österreich und die Schweiz. Die Gefährdungskarte für die D-A-CH Staaten zeigt die Abb. 2.

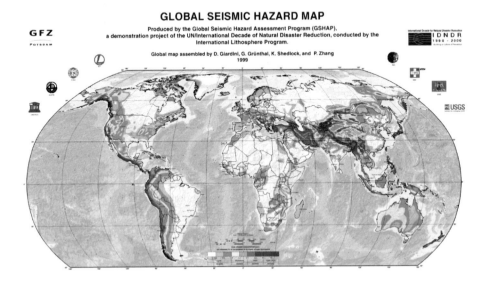

Abb. 1: Weltkarte der Erdbebengefährdung nach Giardini, Grünthal, Shedlock und Zhang als Ergebnis vom Global Seismic Hazard Assessment Programme (GSHAP).

Diese Karte bildete zugleich die seismologische Basis für die neue erdbebengerechte Baunorm Deutschlands E-DIN 4149, die 2002 veröffentlicht wurde. Die am meisten durch Erdbeben gefährdeten Teile Deutschlands sind die Schwäbische Alb, der Raum Köln/Aachen und der südliche Teil des Oberrheingrabens. Hier ist die Bebengefährdung ähnlich hoch wie in weiten Teilen des Alpenraumes. Signifikante Schadenbeben sind auch in anderen Teilen Deutschlands aufgetreten und zu erwarten – aber mit kleineren Eintreffenswahrscheinlichkeiten als es das Gefährdungsniveau zur Sicherung üblicher Hochbauten im Sinne des Personenschutzes fordert.

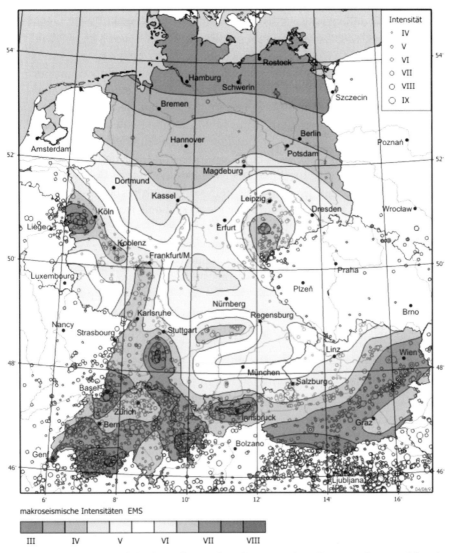

Abb. 2: Erdbebengefährdungskarte für die D-A-CH Staaten (Deutschland, Österreich, Schweiz) für eine Nichtüberschreitenswahrscheinlichkeit von 90% in 50 Jahren mit unterlegter Bebentätigkeit (Grünthal, Mayer-Rosa und Lenhardt, Bautechnik, 1998).

Modernste Verfahren zur Abschätzung der Bebengefährdung konnten im Rahmen vom Deutschen Forschungsnetz Naturkatastrophen für den Raum

Köln/Aachen angewandt werden. Diese mündeten in einer neuen Generation von Erdbebengefährdungsanalysen mit unmittelbar für das Erdbebeningenieurwesen relevanten Parametrisierungen.

Erdbebenvorhersage bedeutet die Vorherbestimmung, wo, wann und mit welcher Magnitude ein Beben zu erwarten ist. Um z.B. Evakuierungen zu rechtfertigen, gehörten ebenso Zuverlässigkeits- und Genauigkeitsaussagen zu den genannten Parametern. Eine Euphorie der Realisierung einer Prognose griff in der Mitte der 1970er Jahren um sich. Diesbezügliche Großprojekte wurden in Japan, China, Kalifornien und der damaligen Sowjetunion etabliert. Erfolge im Sinne einer wissenschaftlichen Bebenvorhersage stellten sich nicht ein. Ein in China 1975 vorgeblich vorhergesagtes schweres Beben kündigte sich durch intensive, aber noch weitgehend schadlose Vorbeben an, so dass spontan die Häuser verlassen wurden und der Hauptstoß zwar die Häuser zerstörte, aber nur relativ wenige Tote zu verzeichnen waren. Ein Jahr später, 1976, wurde China von der schrecklichsten Bebenkatastrophe der letzten 500 Jahre heimgesucht.

Seit Anfang der 1990er Jahre wurde immer deutlicher, dass Bebenprozesse chaotisch ablaufen und Erdbeben damit als inhärent zufällig anzusehen sind. Mit der Debatte in der Zeitschrift Nature (Feb.-April 1999) wurde ein vorläufiger Schlussstrich unter dieses Kapitel gesetzt. Als Ausweg verbleibt die Forcierung der Wahrscheinlichkeitsabschätzungen, auch als Langzeitprognose bezeichnet, (1) künftiger Beben und (2) des Verhaltens von Gebäuden bei Beben zur Erreichung eines nachhaltigen Schutzes.

Erdbebenfrühwarnung erfolgt, nachdem sich ein entsprechendes potenziell schadenbringendes Beben ereignet hat. Durch eine schnelle automatische Ortung und Magnitudenbestimmung, möglichst nahe am Bebenherd, ist zu entscheiden, ob eine Warnung erfolgt. Eine solche Information, an eine entsprechende Metropole gesandt, würde diese schneller erreichen als die sich mit 3-4 km/s ausbreitenden schadenverursachenden S(sekundär)-Wellen bzw. Oberflächenwellen. Nur ausgewählte Lokalitäten kommen für derartige Bebenalarm-Netzwerke in Frage. Günstigste Voraussetzungen für eine Bebenwarnung sind für Mexico-City gegeben. Die die Stadt bedrohenden Beben finden größtenteils in der Küstenprovinz Guerrero statt mit einem Laufweg der Wellen bis Mexico-City von ca. 300 km. Hieraus resultiert eine Vorwarnzeit von 65-73 s. Mit diesem System werden seit 1993 öffentliche Warnungen erteilt.

In Japan existiert ein Warnnetz zum Stoppen der Super-Schnellzüge, welches seit 1996 operationell ist. Prototypen ohne öffentliche Warnungen existieren seit etlichen Jahren in Taiwan und in Kalifornien. Vorbereitungsarbeiten laufen für Bukarest und Istanbul.

Erdbebenrisiko bezeichnet die Wahrscheinlichkeit von Schadensszenarien, monetären Verlusten und/oder Todesfolgen durch Beben. Das Erdbebenrisiko errechnet sich aus der Erdbebengefährdung, der Vulnerabilität und den der Gefährdung ausgesetzten Werten. Die Vulnerabilität oder Verletzbarkeit V ($0 \leq V \leq 1$) ist entsprechend der Bebengefährdung durch z.B. erdbebengerechtes Design zu reduzieren, um das Risiko für eine Region zu senken.

Erdbebenrisikoabschätzungen sind die Grundlage (1) für die Wichtung von Vorsorgemaßnahmen, (2) das Katastrophenmanagement, (3) zur Verdeutlichung der Transparenz von Gefährdungsabschätzungen zur Ausprägung eines entsprechenden Bewusstseins für die Gefahr und (4) die Handlungsbasis für die Versicherungswirtschaft. Abgesehen von z.T. recht groben, sich auf empirischen Erkenntnissen stützenden Ansätzen aus der Versicherungswirtschaft sind wissenschaftlich durchdrungene Erdbebenrisikoabschätzungen weitgehend erst im Experimentierstadium. Eine Erdbebenrisikostudie für Köln wurde im Rahmen des Deutschen Forschungsnetzes Naturkatastrophen (DFNK) angearbeitet. Köln liegt an der Peripherie der Erdbebenzone der Niederrheinischen Bucht mit dem Schwerpunkt der Bebenaktivität im Raum Aachen/Düren. Im Rahmen von DFNK wurde zudem das Risiko durch Rheinüberschwemmungen und Stürme für Köln bestimmt. Anhand einer noch vorläufigen synoptischen Betrachtung der drei Naturgefahren für Köln beherrschen für jährliche Eintreffenswahrscheinlichkeiten bis 10^{-2} p.a. Überschwemmungen und mit deutlichem Abstand Stürme das Risiko. Für kleinere Eintreffenswahrscheinlichkeiten wird die Bedrohung durch Erdbeben relevant. Trotz der Entfernung Kölns vom eigentlichen Bebengebiet dominiert das Bebenrisiko ab dem Wahrscheinlichkeitsniveau von 10^{-4} p.a. über die anderen Risiken.

Schlussfolgernd läßt sich zusammenfassen:

- Erdbeben stellen die gefährlichste aller Naturkatastrophen im globalen Maßstab dar.
- Auch in Mitteleuropa werden höchste Schadenspotenziale durch Erdbeben erwartet.
- Die Erdbebengefährdung in Deutschland ist moderat bis gemäßigt, aber nicht zu vernachlässigen. Wegen der Seltenheit der Ereignisse ist die Gefährdung i.Allg. nicht bewusst und wird damit unterschätzt.

– Erdbebengefährdungsabschätzungen (Langzeitprognosen) sind die Basis für den einzigen nachhaltigen Schutz durch erdbebengerechten Konstruktionsentwurf oder Verstärkung.

– Erdbebenrisikoabschätzungen mit wissenschaftlich fundierter Durchdringung sind bisher unterentwickelt. Die Erdbebentauglichkeit des Gebäudebestandes ist weitgehend nicht erfasst. Das Bebenrisiko nimmt durch Werteakkumulation und -konzentration weiterhin zu.

Die Erde im Kosmos

Günther Hasinger

Die Erkenntnis über die Entstehung und Entwicklung unseres Universums hat in den letzten Jahren dramatisch zugenommen. Die Galaxienfluchtbewegung, die Struktur der Mikrowellen-Hintergrundstrahlung und die kosmische Häufigkeit der leichten Elemente lassen sich in einem selbstkonsistenten Modell erklären, in dem das Universum vor 13,4 Milliarden Jahren in einem extrem heißen Feuerball entstanden ist – dem „Urknall". Die weitere Entwicklung des Universums – die Abkühlung, die Ausbildung großräumiger Strukturen, die Entstehung von Galaxienhaufen, Galaxien, Sternen und Planeten lässt sich einerseits durch detaillierte kosmologische Simulationen beschreiben, andererseits mit immer empfindlicheren Teleskopen und Detektoren, sowie immer ausgefeilteren Beobachtungstechniken vermessen. Durch Vergleich von Beobachtungen und Theorie können die das Universum bestimmenden Parameter wie Masse, Energie und die Geometrie des Raumes abgeleitet werden. Nach neuesten Erkenntnissen ist das Universum dominiert durch die sogenannte „Dunkle Materie", eine bisher völlig unbekannte Art von Materie, die etwa 85% der Gesamtmasse des Universums ausmacht. Völlig überraschend war die Entdeckung einer, das Universum dominierenden „Dunklen Energie", welche die Expansion des weiterhin exponentiell beschleunigt, so dass in unvorstellbar weit entfernter Zukunft das Universum kalt, dunkel und leer sein wird (Abb. 1).

Die Sonne ist vor etwa 4,6 Milliarden Jahren aus einem Ur-Nebel interstellarer Materie entstanden, die ihrerseits schon durch mehrere frühere Generationen von Sternen mit schwereren Elementen als den im Urknall entstandenen Wasserstoff und Heliumatomen angereichert wurde. Die schweren Elemente sind insbesondere für die Bildung von Planetensystemen notwendig. Nachdem im Sonneninneren der Fusionsofen der Sonne gezündet hat, wird stetig durch die Kernverschmelzung von Wasserstoff zu Helium und schwereren Elementen Energie erzeugt und damit der Wasserstoff verbraucht. Die chemischen Elemente des Periodensystems bis hinauf zum Eisenatom werden auf diese Weise im Bauch von Sternen „gebacken". Die Elemente schwerer als Eisen entstehen erst in Supernova-Explosionen – dem gewaltsamen Tod der masserreichsten Sterne. Während der etwa zehn Milliarden Jahre anhaltenden Phase des Wasserstoffbrennens hält der durch die Hitze im Inneren entstehende Druck dem durch die Schwerkraft der Sternmasse erzeugten Druck die Waage – der Stern ist stabil. Langsam verändert sich aber die chemische Zusammensetzung der Sonne. Der mit der nuklearen „Asche" des Wasserstoffbrennens angereicherte Kern wird langsam dichter und heißer, wodurch die Energieproduktion der Kernfusion ansteigt. Der Strahlungsdruck wird größer, wodurch sich die Oberfläche der Sonne ausdehnt und ihre Leuchtkraft zunimmt. Die Abstrahlung der Sonne hat seit ihrer Entstehung bereits merklich zugenommen und wird sich bis zum Ende ihres Lebens noch einmal verdoppeln.

Die Zunahme der Sonneneinstrahlung bewirkt auf der Erde merkliche Effekte und wird letztendlich die Möglichkeit für das Leben auf unserem Planeten zunichte machen. In aller Munde ist die Gefahr eines durch die globale Erwärmung verursachten Treibhauseffekts auf der Erde. Die Temperatur der Erde ist in den letzten einhundert Jahren um etwa 0.6°C angestiegen. Die Experten streiten sich noch, welcher Anteil davon durch die Sonne verursacht und welcher Anteil durch menschlichen Einfluss „hausgemacht" ist. Das System Erde hat eine erstaunliche und in den letzten Jahrmillionen sehr erfolgreiche Fähigkeit, Temperaturschwankungen über komplexe Regelvorgänge der Atmosphäre, Biosphäre, der Ozeane und Gesteinsmassen auszugleichen. Bei der durch die chemische Entwicklung im Sonneninneren verursachten, ständigen Erhöhung der Einstrahlung wird jedoch irgendwann in der Zukunft kein Halten mehr sein und der Treibhauseffekt auf der Erde instabil werden. Gleichzeitig werden sich die Bedingungen für mögliches Leben auf dem Mars jedoch verbessern. Nach detaillierten Geoklima-Modellen wird in etwa 500 Millionen Jahren die Temperatur auf der Erde so hoch, dass alles Wasser zu kochen beginnt, die Meere verdampfen und die Erde sterilisiert wird.

Abb. 1: Überblick der möglichen weiteren Entwicklung eines Universums
mit exponentiell beschleunigter Ausdehnung. Die horizontalen
Striche geben die Zehnerpotenz der Zeit in Jahren seit dem Urknall
an. Unser heutiges Universum liegt bei ca. 10^{10} Jahren. Die wichtigsten weiteren Phasen des Universums sind angedeutet: Nach etwa 10^{15} Jahren werden die letzten Sterne ausgebrannt sein. Danach
dominieren die kühlenden Weißen Zwerge das Universum, in deren
Inneren etwa um die Zeit von 10^{25} Jahren die Dunkle Materie langsam vernichtet wird. Nach vielen weiteren Äonen (hier z.B. 10^{37-39}
Jahren), werden erwartungsgemäß die Protonen zerfallen und damit
die baryonische Materie vernichtet. Danach bleiben für sehr lange
Zeit nur noch die Schwarzen Löcher übrig; auch sie werden im
Zeitraum 10^{70-100} Jahren zerstrahlen.

Eine ähnlich große, aber nur statistisch erfassbare Gefahr geht von Meteoriten-Einschlägen aus. Himmelskörper aus dem Asteroidengürtel der Sonne mit Durchmessern von ca. 100 Metern schlagen im Mittel alle 10.000 Jahre auf der Erde ein und können Ereignisse, vergleichbar mit einem nuklearen Winter hervorrufen. Asteroiden mit Durchmessern von 10 Kilometern werden etwa alle 100 Millionen Jahre erwartet und können globale Katastrophen verursachen, wie z.B. der Chixulub-Einschlag, der für das Aussterben der Saurier vor ca. 65 Millionen Jahren verantwortlich gemacht wird. Derzeit werden weltweit die Anstrengungen verstärkt, alle möglicherweise für die Erde gefährlichen Körper zu erfassen und unter Umständen auch Methoden zur Gefahrenabwehr zu entwickeln.

In etwa 6 Milliarden Jahren, wenn die Sonne etwa 1/10 ihres Wasserstoffvorrats (und damit fast den gesamten Wasserstoff im Kern) verbraucht hat, beschleunigen sich die Kernverschmelzungsprozesse in ihrem Inneren und die Fusionsasche wird zu schwereren Elementen verbrannt. Gleichzeitig schrumpft der Kern weiter und erhöht die Leuchtkraft der Sonne. Sie dehnt sich dann zu einem roten Riesenstern aus, der aufgrund seiner Größe wesentlich leuchtkräftiger, aber gleichzeitig wesentlich kühler ist als unsere heutige Sonne. Da dieser Stern einen starken Sternwind aussendet, verliert er an Masse und seine Anziehungskraft verringert sich. Die Planeten wandern dabei weiter nach außen, die Erde zum Beispiel ungefähr auf die jetzige Marsbahn. Die Sonne hat bis dahin die inneren Planeten, Merkur und Venus verdampft, und ihre Scheibe nimmt, von der Erde aus betrachtet, einen guten Teil des Firmaments ein. Die Temperatur auf der Erde steigt auf etwa 1200 Grad Celsius. Spätestens zu diesem Zeitpunkt wird auch der Mars nicht mehr bewohnbar sein. Am Ende ihrer Entwicklung wird die Sonne ihre verbleibende Wasserstoffhülle in einen sogenannten planetarischen Nebel abstoßen – diese Sternhüllen gehören zu den schönsten und farbenprächtigsten Objekten in unserer Milchstraße (Abb. 2). Der schwere Kern der Sonne zieht sich zu einem Weißen Zwerg zusammen, einem Objekt mit ungefähr dem Durchmesser der Erde und der Masse der Rest-Sonne, das fast vollständig aus sogenannter „entarteter Materie" besteht, die nur durch den Quantendruck der Elektronen stabilisiert wird – eine Folge des Pauli-Prinzips.

Der ursprünglich bläulich-weiß strahlende Weiße Zwerg beinhaltet so viel Wärmeenergie, dass er noch viele Milliarden Jahre weiter strahlt und sich dabei immer weiter abkühlt. Die meisten Sterne im Universum enden wie unsere Sonne als Weiße Zwerge. Sterne jedoch, die sehr viel schwerer sind, als die Sonne beenden ihr Leben in einer Supernova-Explosion und hinterlassen noch kompaktere Reste: Neutronensterne und Schwarze Löcher.

Die Erde, unser Heimatplanet, befindet sich also in einer delikaten Balance in einem sich ständig wandelnden kosmischen Umfeld. Obwohl die kosmologischen Zeitskalen unvorstellbar lang und für das menschliche Bewusstsein unfassbar (und deshalb vielleicht unwichtig) erscheinen, lassen sich doch aus der Astrophysik und Kosmologie wichtige Erkenntnisse für das Verständnis unseres Platzes im Kosmos und Entwicklungslinien für die zukünftige Forschung ableiten.

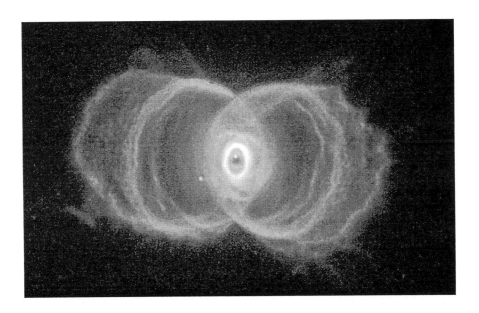

Abb. 2: Der „Hantel-Nebel", ein planetarischer Nebel, aufgenommen mit dem Hubble Space Telescope (NASA/STScI) – ein Modell für die Zukunft unserer Sonne.

Klimaänderungen und ihre Folgen für den Permafrost

Hans-Wolfgang Hubberten

Als Ergebnis einer negativen Temperaturbilanz ist etwa ein Viertel der kontinentalen Erdoberfläche von Permafrost unterlagert. Dieser permanent gefrorene Untergrund ist vor allem in den riesigen Permafrostgebieten der Tundren und borealen Waldgebieten Asiens und Nordamerikas mit Mächtigkeiten bis über 1000 m weit verbreitet. Er findet sich aber auch im Norden Europas, in gletscherfreien Gebieten der Antarktis, in Gebirgsketten und Hochplateaus wie z.B. den europäischen Alpen sowie als Relikt der Meeresregression während der letzten Glazialzeit auf den heutigen Schelfgebieten der Arktis.

Bildung, Erhalt und Abbau von Permafrost werden außer von der Temperatur noch durch eine Vielzahl anderer Faktoren gesteuert. In erster Linie sind es Vegetation, Schnee- oder Eisbedeckung und organische Bodenauflage als Grenzschichten zwischen Atmosphäre und Untergrund, die die Wirkung von Lufttemperatur und Strahlung modifizieren. Aber auch Zusammensetzung und Struktur des jährlichen Auftaubodens und des permanent gefrorenen Untergrundes, insbesondere dessen Wasser- bzw. Eisgehalt, beeinflussen das thermische Regime des Permafrostes.

Der Einfluss dieser Faktoren zeigt sich auch in der geographischen Verteilung des Permafrostes, dessen Mächtigkeit nicht nur von Nord nach Süd (Temperaturgradient) sondern auf dem eurasischen Kontinent auch von Ost nach West abnimmt (Kontinentalität). Dabei begünstigen die geringen Winterniederschläge und damit verbunden das Fehlen einer dickeren, isolierenden Schneeschicht das Eindringen der Kälte in den Untergrund. Demgegenüber finden sich in den maritim geprägten Polarregionen aufgrund der höheren Niederschläge nur geringmächtige diskontinuierliche oder sporadisch auftretende Permafrost-Abfolgen.

Auch in der jüngeren Erdgeschichte wurde die Verbreitung des Permafrostes durch die atmosphärischen Zirkulationssysteme gesteuert. So bildete sich in den Tieflandsgebieten NO-Sibiriens, die während der gesamten Eiszeit nie von Eisschilden bedeckt waren, schon seit dem späten Pliozän Permafrost. Im Norden Westsibiriens, Europas und den Tieflandsgebieten Nordamerikas, die während der Glazialperioden wiederholt von Gletschern bedeckt waren, ist der Permafrost weit jünger und gering mächtiger. Es ist hervorzuheben, dass die über Jahrhunderttausende entstandenen Permafrostabfolgen Sibiriens auch während vergangener Warmzeiten nie vollständig auftauten selbst wenn, wie z.B. in der Eem-Warmzeit, die Temperaturen vermutlich höher waren als heute.

In den zirkum-arktischen Permafrostgebieten werden schon seit einigen Jahrzehnten Untersuchungen zu Klima bedingten Veränderungen des Permafrosts durchgeführt. Dabei zeigte sich, dass der beobachtete Anstieg der Lufttemperatur auch durch Temperaturmessungen im Permafrost nachgewiesen werden kann. So zeigten langjährige Messungen der Lufttemperatur an über 20 Stationen in Russland einen Erwärmungstrend während der letzten 30 Jahre von 0.02-0.3°C/Jahr für den europäischen Norden Russlands, 0.03-0.07°C/Jahr für den Norden Westsibiriens und 0.01-0.08°C/Jahr für Jakutien. Diese spiegelten sich in einer Temperaturerhöhung von 2-2.5°C und 1°C im Permafrost in Tiefen von 3 bzw. 10 m wider. Im Norden Alaskas konnte während des letzten Jahrhunderts durch geothermische Langzeitmessungen in Tiefbohrungen eine Erhöhung der Temperatur des Permafrostes um 2-4°C nachgewiesen werden. Sporadisch verbreitete Vorkommen von Permafrost im Süden Alaskas sind in jüngster Vergangenheit vollkommen aufgetaut.

Für den Fall einer angenommenen Klimaerwärmung von 2°C für die nächsten hundert Jahre werden sich Veränderungen im Permafrost vollziehen die mit denen im holozänen Klimaoptimum verglichen werden können. In Analogie zu dieser Zeit kann eine grundlegende Veränderung der natürlichen und technogenen Landschaften postuliert werden.

Die raschesten Reaktionen auf wechselnde Klimabedingungen werden an den Grenzschichten Permafrost – Atmosphäre ablaufen, wobei es bei einer Erwärmung vor allem zu einer Erhöhung der saisonalen Auftautiefe kommen wird. Dies hat unter anderem einen starken Einfluss auf das Verhalten des organischen Kohlenstoffs der in großen Mengen in arktischen und subarktischen Böden gebunden ist. Je nach Änderung von Temperatur und Niederschlag und damit verbunden dem Energie- und Wasserhaushalt der oberflächennahen Schicht, wird das Ökosystem reagieren und vor allem der durch Bakterien verursachte Kohlenstoffumsatz in unterschiedlicher Art und Weise beeinflusst. Dies kann sowohl zu positiven als auch zu negativen Rückkopplungseffekten in Bezug auf das Anwachsen der Treibhausgase Kohlendioxid und Methan in der Atmosphäre führen.

Je nach Eisgehalt des Untergrundes wird es zu unterschiedlich starker Thermokarstbildung kommen, die sich in der Bildung von karstähnlichen Senken mit nachfolgender Seenbildung und Vertorfung äußert.

Besonders in Gebieten mit diskontinuierlichem Permafrost kann ein erhöhter Wärmeeintrag schnell zur Degradation von Permafrost und zum Anwachsen oder zur Neubildung von tieferen Auftauzonen führen. Dadurch erfolgt eine grundlegende Änderung des hydrologischen Systems, da der oberflächennahe Permafrost als Wasser stauender Horizont verschwindet.

Bei ausreichend langen Klimaänderungen wird parallel zu einer signifikanten Vergrößerung der Auftautiefe oder der vollständigen Degradation von Permafrostmassiven eine grundlegende Veränderung von Vegetation und Bodenbildung einsetzen. Die entstehenden Ökosysteme werden sich wesentlich von den heute existierenden unterscheiden. Tiefgreifendes Auftauen wird in den Schelf- und Tieflandsgebieten auch zu einer Destabilisierung der dort im Untergrund auftretenden Gashydrate und dadurch zu einem derzeit nicht abschätzbaren zusätzlichen Methan-Eintrag in die Atmosphäre führen.

Die zu erwartenden komplexen Reaktionen von Permafrostlandschaften auf eine Klimaerwärmung haben große Auswirkungen für bewohnte und ökonomisch genutzte Gebiete. Durch die Erhöhung der Auftautiefe wird die Stabilität des Untergrundes verändert. Dies führt in flachen Tieflandsgebieten zur Bildung von Senken, Seen und Feuchtgebieten, in Gebirgsregionen werden Solifluktionsprozesse und Bergstürze, wie vor kurzem am Matterhorn in der Schweiz, zunehmen. Diese Umstände können zu einem Anwachsen der Häufigkeit von Naturkatastrophen führen, die die Existenz von Menschen und Tieren in diesen Gebieten bedrohen. Dadurch, dass bereits eine geringe Veränderung des Wärmeregimes des Permafrostes zu einer Erniedrigung der Stabilität führen kann, entstehen auch große Gefahren für verschiedene technische Einrichtungen wie Bergwerke, Förderanlagen und Pipelines für Erdöl und Erdgas, Bauwerke aller Art, Verkehrswege, Versorgungsleitungen, Uferbefestigungen u.a.

Durch eine natürlich oder anthropogen verursachte Klimaerwärmung wird sich eine neue Verteilung des Permafrostes herausbilden. Es wird zu unvermeidlichen Veränderungen der heutigen Geoökosysteme kommen und zu einer Destabilisierung besiedelter und ökonomisch genutzter Territorien führen. Viele der kausalen Zusammenhänge zwischen Klimaänderung und

Permafrost sind jedoch noch nicht ausreichend geklärt. Deshalb ist eine Intensivierung der Forschungsarbeiten auf diesem Gebiet unerlässlich.

Tiefe Biosphäre

Bo Barker Jørgensen

Biogeochemische Prozesse im Meeresboden haben über geologische Zeitskalen eine regulierende Funktion für die globalen Stoffkreisläufe und damit für die Chemie des Ozeans und der Atmosphäre. Direkte Zählungen der prokaryontischen Zellen in Sedimentkernen, die während der letzten zehn Jahre im *Ocean Drilling Program* (ODP) gewonnen wurden, haben die Existenz einer reichen Biosphäre im Inneren des Meeresbodens enthüllt. Die Populationsdichten variieren von $>10^9$ Zellen an der Sedimentoberfläche bis $<10^5$ in Sedimenttiefen von bis zu 850 mbsf mit einem Alter von über 10 Millionen Jahren. Auch die ozeanische Kruste wurde von Mikrobiologen beprobt und als belebter Standort erkannt. Hochrechnungen deuten an, dass mehr als zehn Prozent der lebenden Biomasse auf der Erde in der tiefen marinen Biosphäre vorkommen. Es ist fortfahrend ein Rätsel, wie die enorme mikrobielle Gemeinschaft dort tief unter der Sedimentoberfläche ihren essenziellen Kohlenstoff- und Energiebedarf abdecken kann. Kontinentale Bohrungen haben ebenfalls gezeigt, dass in tiefen basaltischen und granitischen Gesteinen eine Vielfalt von Mikroorganismen vorkommt. Die mikrobiologischen Untersuchungen haben sich hier vor allem auf den Wasserstoff-getriebenen (H_2) Energiestoffwechsel konzentriert.

Insgesamt scheint die tiefe Biosphäre auf der Erde eine weitere Verbreitung und größere physiologische Diversität zu haben als bisher bekannt war. Viele redox-aktive Substanzen im Porenwasser und Grundwasser oder Reaktionen auf Mineraloberflächen können zum Energiegewinn der Mikroorganismen dienen. Die geochemische Zonierung und daran gebundenen Bakterienprozesse sind von der Temperatur, der Mineralogie und der advektiven oder diffusiven Transportmechanismen abhängig.

Im Februar 2002 hat ODP die erste ozeanische Bohrexpedition durchgeführt, die die Erforschung des Lebens tief unter dem Meeresboden als Hauptziel hatte. Die ODP-Fahrt 201 brachte eine große Gruppe von Mikrobiologen mit Geochemikern, Sedimentologen und Geophysikern mit dem Ziel zusammen, die mikrobiellen Populationen zu identifizieren und ihre Aktivitäten im Bezug auf das Alter, die Geschichte und die Geochemie des Sediments zu analysieren. Die Expedition hat aus sehr unterschiedlichen Sedimentmilieus im östlichen Äquatorialen Pazifik und auf dem Schelf vor Peru Sedimentkerne aus Tiefen von bis zu 420 mbsf gewonnen. Die Wassertiefe variierte von 150 m bis 5300 m, das Alter der Sedimente von 0 bis 40 Millionen Jahren, und die Temperatur von 0°C bis 25°C. Analysen an Bord des Bohrschiffes zeigten, dass Sulfatreduktion und Methanbildung die wichtigsten Prozesse waren, die aber oft gleichzeitig mit der Lösung und Reduktion von Mangan- und Eisenmineralien stattfanen. Hochaufgelöste Porenwasseranalysen zeigten, dass Sauerstoff, Nitrat und Sulfat, die aus dem Meerwasser durch den Meeresboden hinunter diffundieren und für die Mineralisierung von organischem Material verbraucht werden, auch durch eine langsame advektive Meerwasserzirkulation aus der basaltischen Kruste von unten in das Sediment hoch dringen können. Hotspots mit hoher Dichte von Bakterien und mit hohen Stoffwechselraten kommen an geochemischen Grenzschichten vor, wie z.B. an der Sulfat-Methan Übergangszone. In Laboratorien weltweit laufen zur Zeit umfassende mikrobiologische, molekularbiologische und geochemische Analysen, wie z.B. Anreicherungen und Isolierungen von Mikroorganismen, Analysen der experimentellen Prozessmessungen, Untersuchungen zur Phylogenie und über die funktionellen Gene der Mikroorganismen, sowie Analysen von Biomarkern und stabilen Isotopen. Unser Wissen über das Leben in der tiefen Biosphäre wird sich in den nächsten Jahren stark entwickeln und hoffentlich einige der derzeitigen Rätsel aufklären.

Menschheit und Biosphäre

Olaf Jöris

Die Klimawechsel der vergangenen Jahrmillionen haben teils zu radikalen Veränderungen der Biosphäre geführt. Arten starben aus, wiederum andere entwickelten sich und konnten sich schließlich behaupten. So unterliegen die unterschiedlichen Biome seit jeher einem ständigen Wandel.

Vor rund 2.7 bis 2.5 Mio Jahren kommt es als Folge globaler Abkühlung und größerer Trockenheit in Ostafrika zur Ausbreitung steppen- und savannenartiger Graslandschaften, die einerseits durch ihre hohe tierische Biomasse, andererseits durch ihren immensen Artenreichtum charakterisiert sind. In diesen offenen Biotopen entsteht die Gattung *Homo*, deren Entwicklungs- und Kulturgeschichte fortan – mittel- wie auch unmittelbar – wesentlich von Änderungen der Umwelt beeinflußt wird. Mit verfeinerten Zeitskalen und detaillierten Informationen zu Paläoklima und -umwelt haben die Geowissenschaften vor allem während des letzten Jahrzehnts wesentlich zum Verständnis der komplexen Wechselbeziehungen von Menschheit und Biosphäre beigetragen und so auch die Geschichte des Menschen im Eiszeitalter besser zu verstehen geholfen.

Bereits vor rund 1.8 Mio Jahren führt die weiter zunehmende Trockenheit den Menschen zusammen mit einigen für die afrikanischen Savannen typischen Tierarten bis über die Grenzen Afrikas hinaus nach Georgien, doch bedarf es weiterer Jahrhunderttausende bis sich der frühe Mensch im Süden Eurasiens etablieren kann.

Als vor etwa 600.000 Jahren die Gegensätze zwischen den Kalt- und Warmzeiten des Eiszeitalters immer ausgeprägter werden, spaltet sich in Europa die Linie des Neandertalers ab, der sich mehr und mehr auch an die Bedingungen in den hohen nördlichen Breiten mit ihrem ausgeprägten Jahreszeitenklima anpasst. Hier ist er direkt mit den Klimaschwankungen des Eiszeitalters wie auch mit gänzlich anderen Vegetationsverhältnissen sowie mit unterschiedlichen, klimatisch wie jahreszeitlich wechselnden Faunengemeinschaften, die er erfolgreich bejagt, konfrontiert, besiedelt Mittel- und Nordeuropa in der Regel während der wärmeren interglazialen und interstadialen Klimaabschnitte und wandert in den stadialen Phasen in weiter südlich gelegene Refugialräume ab.

Erst der anatomisch moderne Mensch besiedelt im Mittleren Jungpaläolithikum (etwa 30.0 – 17.0 ka cal BC) in komplexer organisierten Jäger- und Sammlergemeinschaften die nördliche Hälfte Europas selbst während der kalt-trockenen Stadialphasen. Im südöstlichen Mitteleuropa scheinen diese Gruppen gar interstadiale Verhältnisse gemieden zu haben. Auch fehlen Belege für die Anwesenheit des Menschen in dieser Region (wie auch in den übrigen Gebieten des nördlichen Europas) während der extremen Kältephasen, wie dem letztglazialen Maximum vor rund 24.0 ka (22.0 ka cal BC), während dessen sich der Mensch wieder in südliche Gebiete zurückzog.

Mit dem allmählichen Abschmelzen der großen fennoskandischen Eismassen wird Mitteleuropa zwischen 14.5 – 12.7 ka cal BC recht bald wiederbesiedelt, doch erst mit Beginn der folgenden spätglazialen Erwärmung kommt es zu einer raschen, explosionsartigen Expansion in das eisfrei gewordene Nordeuropäische Tiefland und angrenzende Gebiete. Selbst ‚Umweltkatastrophen‘, wie der Ausbruch des Laacher See-Vulkans in der Osteifel vor rund 13.0 ka oder das letzte kaltklimatische Intermezzo, die rund 1.140-jährige Jüngere Dryaszeit zwischen ca. 10.760 und 9.620 cal BC, vermögen die Dynamik dieser Ausbreitung nicht zu schwächen.

In diese Zeit fällt im Nahen Osten – einhergehend mit einer raschen Zunahme der Bevölkerung – der Beginn der produzierenden Wirtschaftsweise mit Ackerbau und Viehzucht. Doch ist der Mensch damit keinesfalls von Klimaänderungen unabhängig geworden, sondern hat neue Strategien der Vorratshaltung zu entwickeln, um eventuellen Wasserknappheiten und Mißernten zu begegnen. Bis zum Beginn der industriellen Nahrungsmittelproduktion hat der sesshafte Mensch solchen Unwägbarkeiten vorzubauen.

Wir wissen heute, dass diese, im Nahen Osten begonnene „Neolithische Revolution" weit weniger umwälzend verlief und der neolithische *way of life* keinesfalls ein ohne weiteres auf andere Regionen übertragbares Subsistenzkonzept darstellte. So waren Ackerbau und Viehzucht für die pastoralisierenden Hirtengemeinschaften des westeuropäischen Spätmesolithikums oder für die komplex organisierten und annähernd ortsfest lebenden Gesellschaften der südskandinavischen Mittelsteinzeit mit einer starken Ausrichtung auf aquatische Ressourcen über lange Zeit keine sinnvollen Subsistenzalternativen. Neolithische ‚Elemente' wie etwa die Gefäßkeramik wurden zwar angenommen, nicht aber das gesamte „neolithische *set*", und jene Probleme wie Bodenerosion oder die Ausdehnung der Wüsten, die heute häufig mit Ackerbau und Viehzucht in klimatischen Ungunsträumen verbunden sind, zeigen, dass bis in die Moderne kein universell geeignetes Subsistenzkonzept gefunden ist.

Zwar waren gerade diese unsteten Klima- und Umweltbedingungen in der Geschichte der Menschheit immer auch Motoren der Entwicklung, die uns im Laufe der Zeit zu einem scheinbar flexibelen Generalisten werden ließen, doch wirkt der Mensch heute mit seinen ungleich größeren sozialen Gemeinschaften in dieser Flexibilität eingeschränkt und weitestgehend den Änderungen von Klima und Umwelt ausgeliefert. Es scheint fast, als vermag er heute kaum mehr noch den moderaten Änderungen seines Lebensraumes zu begegnen.

Literatur

Baales, M. / Jöris, O. [im Druck]. Wandel von Klima und Umwelt an Mittelrhein und Mosel gegen Ende der letzten Eiszeit. Zur Chronologie und Lebensweise der letzten Jäger und Sammler am Mittelrhein. Beiträge zur Archäologie an Mittelrhein und Mosel.

Bar-Yosef, O. [1996]. The Impact of Late Pleistocene – Early Holocene Climatic Changes on Humans in Southwest Asia. In: Straus, L. G. / Eriksen, B. V. / Erlandson, J. M. / Yesner, D. R. (eds.): Humans at the End of the Ice Age: the Archaeology of the Pleistocene-Holocene Transition.

Bar-Yosef, O. [2001]. The World around Cyprus: from Epi-Paleolithic Foragers to the Collapse of the PPNB Civilization. In: Swiny, S. (ed.): The Earliest Prehistory of Cyprus.

Fischer, A. (ed.) [1993]. Man & Sea in the Mesolithic. Coastal settlement above and below present sea level. Proceedings of the International Symposium, Kalundborg, Denmark, 1993.

Gabunia, L. / Vekua, A. / Lordkipanidze, D. / Swisher, C.C. III / Ferring, R. / Justus, A. / Nioradze, M. / Tvalchrelidze, M. / Antón, S.C. / Bosinski, G. / Jöris, O. / de Lumley, M.-A. / Majsuradze, G. / Mouskhelishvili, A. [2000]. Earliest Pleistocene Hominid Cranial Remains from

Dmanisi, Republic of Georgia: Taxonomy, Geological Setting, and Age. Science 288, 1019-1025.

Gaudzinski, S. [2002]. Die israelische Fundstelle ‚Ubeidiya' im Kontext der Ausbreitung des frühen Menschen nach Eurasien. Jahrb. RGZM 47, 99-122.

Jöris, O. [2002]. Die aus der Kälte kamen. Von der Kultur später Neandertaler in Mitteleuropa. Mitteilungen der Ges. f. Urgesch. 11, 5-32.

Jöris, O. / Weninger, B. [im Druck]. Coping with the cold. On the climatic context of the Moravian Mid-Upper Palaeolithic. In: Svoboda, J. (ed.): The Gravettian of the Middle Danube Region.

Roebroeks, W. [2001]. Hominid Behaviour and the Earliest Occupation of Europe: an Exploration. Journal of Human Evolution 41, 437-461.

Street, M. / Baales, M. / Cziesla, E. / Hartz, S. / Heinen, M. / Jöris, O. / Koch, I. / Pasda, C. / Terberger, Th. / Vollbrecht, J. [2002]. Final Paleolithic and Mesolithic Research in Reunified Germany. Journal of World Prehistory 15/4 (2001), 365-453.

Vulkanismus: Gefahren und Vorhersage

Jörg Keller

Vulkankatastrophen haben in historischer Zeit, auch in der jüngsten Vergangenheit, eine Vielzahl von Menschenleben gefordert und erhebliche Zerstörungen angerichtet. Gleichzeitig haben Urbanisierung und Bevölkerungsdruck das Risiko von Vulkanausbrüchen, wie auch durch andere Naturkatastrophen, in vielen Gebieten dramatisch erhöht. Der geologische Befund dokumentiert Vulkaneruptionen mit Magnituden, die im historischen Beobachtungszeitraum bisher nicht aufgetreten sind.

Der Beitrag diskutiert Fragen der Gefährdung und der Risikoanalyse, der Überwachung und Vorhersage:

– Unter welchen Voraussetzungen sind Vulkanausbrüche vorhersehbar, möglicherweise exakt voraussagbar?

– Welches sind die spezifischen Gefährdungen durch verschiedene Eruptionsarten?

– Sind diese Gefahren für jeden einzelnen Vulkan abschätzbar, ja quantifizierbar?

– Was ist der *state-of-the-art* der instrumentellen Überwachung?

Fallstudien an individuellen Vulkanen, zum Beispiel Vesuv oder Campi Flegrei, zeigen die Dringlichkeit der Überwachung und die Möglichkeiten und Grenzen der Vorhersage auf. Eine Analyse der Gefährdung im Einzelfall muss zunächst die möglichen vulkanischen Gefahren nach Art der zu erwartenden Ereignisse, den wahrscheinlichen Eruptionsarten und Eruptionsmechanismen differenzieren: Lavaströme, vulkanische Gase, Tephrafall und Aschenregen, pyroklastische Ströme und Lahars, Kegelkollaps und Trümmerlawinen, plinianische Großeruptionen und mögliche Calderabildung, etc.

Risikokarten für gefährliche Vulkane sind abgeleitet aus der Verbreitung der Eruptionsprodukte vergangener Ausbrüche und aus der vulkanologischen Rekonstruktion der Eruptionsabläufe. Ein wichtiger Aspekt der vulkanologischen Risikoanalyse ist demnach die Kenntnis des Verhaltens eines Vulkans in der Vergangenheit, um die mögliche zukünftige Entwicklung vorauszusehen oder abzuschätzen.

Die Regel, dass sich Vulkanausbrüche im allgemeinen durch Vorläuferphänomene (precursors) ankündigen, führt zur Frage, wie sicher sind derartige Vorläuferphänomene interpretierbar. Sind sie zu unterscheiden von nicht-vulkanischen Signalen und somit nutzbar für Vorhersagen, die auch einschneidende Maßnahmen für die betroffene Bevölkerung nach sich ziehen.

Zu Vorläuferphänomenen gehören vulkanspezifische seismische Signale, Steigerung der Seismizität zu seismischen Krisen, Deformationen, thermische Anomalien, Mikrogravimetrie und Magnetismus, Änderungen in Entgasung und Gaszusammensetzung. Multiparametersysteme werden entwickelt, die zeitgleich die Variation von verschiedenen geochemischen und geophysikalischen Parametern aufzeichnen. Computermodelle wie VALVE des USGS oder das europäische „Geowarn" verknüpfen alle verfügbaren Messdaten zu einem Gesamtbild des Magmasystems. Satellitengestützte Erdbeobachtungssysteme (EOS) haben bereits ihren festen Platz in der Vulkanüberwachung, aber auch ein großes Entwicklungspotential für die Zukunft.

Die Registrierung der geophysikalischen und geochemischen Parameter an aktiven oder potenziell aktiven Vulkanen mit modernen Überwachungsmethoden hat sichtbare Erfolge in der Vorhersage von Ausbrüchen und zu erfolgreichen, lebensrettenden Evakuierungen geführt. Dem stehen Beispiele gegenüber von Krisensituationen mit Steigerung der Alarmstufe bis zur Evakuierung und Unterbrechung des gesamten Wirtschafts- und Soziallebens einer Region – ohne Eruption. Falscher Alarm?

Der Begriff des „Falschen Alarms" ist kritisch zu hinterfragen und gesellschaftspolitisch mit jenem des akzeptierbaren Risikos abzugleichen.

Seismisches Monitoring wird auch in der Zukunft die wichtigste instrumentelle Überwachungsmethode sein, immer zusammen mit Resultaten des gesamten Spektrums der geophysikalischen und geochemischen Messungen. Satellitengestützte Erdobservationssysteme werden für Deformationsmessungen, zum Erkennen thermischer Anomalien und zur Gasanalyse immer wichtiger.

Die vulkanologische Geländeanalyse interpretiert das Verhalten eines Vulkans in der Vergangenheit als Schlüssel zu seinem möglichen Verhalten und Gefährdungspotenzial in der Zukunft und ist somit ein wichtiger Bestandteil der Vulkanvorhersage.

Während die instrumentelle Überwachung Aussagen zu Ort und Zeit eines zu erwartenden Ausbruchs liefern kann, wird die Art der Eruption, also Ausbruchstyp und Verlauf „Grandioses Schauspiel" oder „Todbringende Gefahr und Zerstörung", aus der Kenntnis der Vulkangeschichte einschätzbar.

Beispiele von Eruptionsvorhersagen und Einleitung entsprechender Maßnahmen (Pinatubo, Rabaul, Usu, u.a.m.) zeigen die großen Fortschritte an, die bei der Gefahreneinschätzung und bei der instrumentellen Überwachung erzielt wurden. Dennoch kann das Verhalten vulkanischer Systeme nach den innewohnenden Komplexitäten unvorhersagbar bleiben.

Eine besonderes Gefährdungspotential geht von eruptionsbereiten Vulkanen aus, bei denen es nur eines plötzlichen externen Anstoßes bedarf, um eine Eruption auszulösen. Precursorphänomene fehlen hier. Beispiele können sein: gravitativer Kegelkollaps, Entleeren eines Lavasees durch tektonisch ausgelöste Bruchbildung, plötzliche Druckentlastung oder Wasserzutritt zu einem Hydrothermalsystem als Folge von Erdbeben und Spaltenbildung (Vulcano?).

Rohstoffe aus der festen Erde in der Zukunft: Deutschland und die Welt

Michael Kosinowski / Friedrich-Wilhelm Wellmer

Jährlich verbraucht der Mensch weltweit 35 Mrd. t an mineralischen Rohstoffen und an Energierohstoffen. Dieses entspricht einem Wert von ca. 0,8 * 10^{12} €. Stellt man die weltweite Förderung in einer Wert- und in einer Mengenpyramide dar, so wird die Basis in beiden Fällen von den Energie- und Massenrohstoffen für die Bauwirtschaft gebildet, also von den Rohstoffen, die wir für unsere Elementarbedürfnisse Wohnen, Heizung und Transport benötigen (Abb. 1). In der Wertpyramide sind als wertvollstes die Energierohstoffe Erdöl, Erdgas und Kohle an der Basis. In der Mengenpyramide sind es die Baurohstoffe. Die nichtmetallischen Rohstoffe liegen in der unteren Hälfte, während die metallischen in der oberen Hälfte dominieren. Nur von neun Metallen werden jeweils mehr als 1 Mio. t pro Jahr gebraucht oder verbraucht, nämlich Eisenerz (bei weitem die größte Tonnage bei den Metallrohstoffen), Aluminium, Kupfer, Mangan, Zink, Chrom, Blei, Titan und (erst seit 1999) Nickel. Die Spitze der Wertpyramide wird durch die Edelmetalle und Edelsteine gebildet sowie durch die „elektronischen" Metalle wie Indium, Gallium und Germanium, die in der Informationstechnologie und in der Mess- und Regeltechnik essenziell sind und deswegen gelegentlich auch als strategische Metalle bezeichnet werden. In der Wertpyramide stehen Eisenerz und Gold dicht beieinander: 602 Mio. t Eisenerz haben einen Wert, der in der gleichen Größenordnung liegt wie der Wert von 2.600 t Gold!

Die Rohstoffe an der Basis der Mengenpyramide werden für unsere Elementarbedürfnisse benötigt, die Rohstoffe an der Spitze für die Steuerung des effizienten Einsatzes dieser Rohstoffe, insbesondere der Energierohstoffe, durch eine ausgefeilte Mess- und Regeltechnik. Die Weltbevölkerung hat seit Ende des Zweiten Weltkrieges mehr Rohstoffe verbraucht als in der gesamten Menschheitsgeschichte zuvor. Vor diesem Hintergrund ergibt sich schnell die Frage, wie es um die Verfügbarkeit in der Zukunft bestellt ist. Zur Beantwortung wird häufig auf das Reserven/Verbrauchsverhältnis (R/V-Verhältnis) zurückgegriffen, dargestellt in Jahren und deshalb häufig als „Reichweite der Reserven" bezeichnet. Das R/V-Verhältnis ist jedoch eine völlig ungeeignete Maßzahl, um die zukünftige Verfügbarkeit von Rohstoffen zu beurteilen, da sich sowohl der Verbrauch wie die Höhe der bekannten Reserven ständig verändern. Das R/V-Verhältnis ist nichts anderes als eine statistische Momentaufnahme in einem dynamischen System. Diese Maßzahl wird auch als „statische Reichweite" bezeichnet, weil sie suggeriert, dass Verbrauch und Reservenhöhe dauerhaft konstant bleiben.

Tab. 1: Verbrauch von ausgewählten Rohstoffen 2001 (* = in 2000) in Deutschland und Weltrang. Quelle: BGR u. Stat. Bundesamt. (SKE = Steinkohleeinheiten)

Rohstoff	2001	%-Anteil (Welt)	Welt-Rang
Aluminium (Raffinade)	1.777.162 t	7,5	4
Kupfer (Raffinade)	1.091.899 t	7,5	4
Blei (Raffinade)	382.706 t	5,9	3
Zink (Raffinade)	532.448 t	6,1	4
Nickel (Raffinade)	105.228 t	9,3	3
Stahl*	41.511.000 t	4,8	4
Ferrochrom*	388.337 t	7,5	3
Titan-Metall	12.350 t	16,9	2
Steinkohle	64,8 Mio. t SKE	2,2	10
Braunkohle	51,6 Mio. t SKE	16,1	1
Mineralöl	122.500.000 t	3,5	5
Erdgas	95,7 Mrd. m^3	3,8	4
Uran (U_{nat})	2.900 t	4,2	5

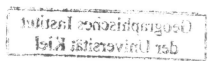
Geographisches Institut
der Universität Kiel

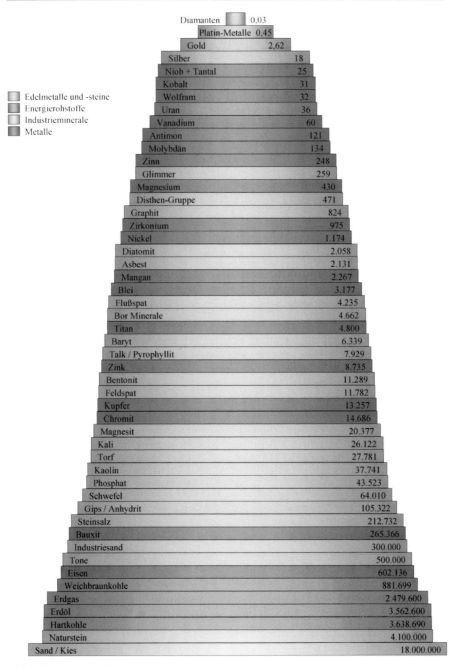

Abb. 1a (Legende s. u.)

Geographisches Institut
der Universität Kiel

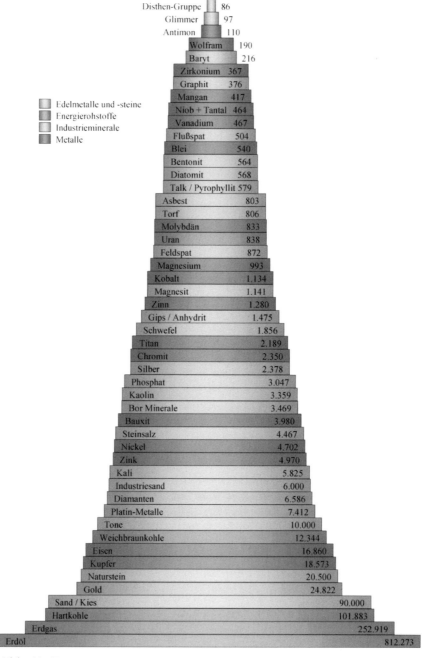

Abb. 1b (Legende s.u.)

100

Abb. 1a und 1b:

Rohstoffpyramiden nach Menge (a) und nach Wert (b) für die weltweite Förderung an Rohstoffen (Bezugsjahr 2001). Deutschland verbraucht als drittgrößte Industrienation der Welt in hohem Maße Rohstoffe. Den absoluten Verbrauch an wichtigen Rohstoffen und Deutschlands relative Position zeigt Tab. 1.

Die Größenordnung von Reserven wird stets auf einen bestimmten Stichtag bezogen. Es ist von zahlreichen Faktoren abhängig, wie hoch die Reserven eines Rohstoffes zu einem bestimmten Stichtag sind. So ist zum Beispiel von Bedeutung, ob es seit der vorangegangenen Reservenermittlung aufgrund der Explorationsintensität der Industrie große Neufunde gab, ob sich das Preisniveau verändert hat oder wie die Kostenstruktur der für den Rohstoff wichtigsten Gewinnungsstellen ist. Auch die geologischen Lagerstättentypen weisen charakteristische Unterschiede auf: Rohstoffe in geologisch vergleichsweise unkomplizierten schichtförmigen Lagerstätten wie zum Beispiel bei Kalisalz oder Kohle sind leicht abzuschätzen. Deshalb weisen sie höhere globale Reserven auf als Rohstoffe, die überwiegend in linsenförmigen, isolierten Lagerstätten vorkommen wie z. B. Kupfer, Blei oder Zink.

Einen wichtigen Einfluss auf die Höhe der Reserven hat der Preis, der natürlich starken Schwankungen unterworfen sein kann, wie jeder weiß, der die Kraftstoffpreise an der Tankstelle beobachtet. Lagerstätten, die bei niedrigem Preis nicht abbauwürdig sind, lassen sich bei höheren Preisen wirtschaftlich nutzen. Beispielsweise lohnt sich der Abbau von Erzlagerstätten mit geringen Metallgehalten nur bei einem hohen Preisniveau. Ein weiterer wichtiger Aspekt ist die technologische Innovation: Was heute wegen fehlender Technik nicht gewinnbar ist, kann morgen abbaubar sein. Bei jedem Rohstoff tragen alle genannten Faktoren dazu bei, dass sich die Reservenmenge stetig verändert, und zwar sowohl nach oben wie nach unten. Damit verlängert oder verkürzt sich auch die statische Reichweite in einem dynamischen Prozess.

Betrachtet man die Entwicklung der R/V-Verhältnisse über die Zeit, so wird deutlich, dass es sich für jeden Rohstoff um spezifische Verhältnisse bzw. um eine Gleichgewichtslinie handelt (Abb. 2). Bisher konnten in unserem marktwirtschaftlichen System für alle Rohstoffe immer die Gleichgewichte zwischen Reserven und Verbrauch gehalten werden. Auch für die weitere Zukunft ist nicht mit Ungleichgewichten zu rechnen. Die Ausnahme könnte konventionelles Erdöl sein, wie unten näher ausgeführt wird. Beispielsweise haben Zink und Blei seit Ende des 2. Weltkrieges immer R/V-Werte um 25 Jahre, obwohl sich der Zinkverbrauch von 1955 bis heute um das Zweieinhalbfache gesteigert hat und der Kupferverbrauch um den Faktor vier gestiegen ist. Die R/V-Zahlen eignen sich nur als Indikator für den notwendigen Innovations- und Forschungsbedarf. Beim Kalisalz mit einem R/V-Verhältnis von fast 400 Jahren sind kaum Explorationsanstrengungen und Innovation in der Fördertechnik erforderlich, in hohem Maße dagegen beim Zink mit einem Verhältnis von nur 25 Jahren.

Dank der Revolution im Massenguttransport gibt es heute selbst für relativ geringwertige Rohstoffe keine lokalen Märkte mehr. Rohstoffmärkte sind immer globale Märkte. Auch wenn sich heute ein Großteil der deutschen Industrie völlig auf das Funktionieren der Märkte verlässt, hat die Bundesrepublik eine wichtige Rolle zu spielen. Mit Innovationen auf dem Rohstoffsektor muss Deutschland dazu beizutragen, dass die beschriebenen Gleichgewichtslinien auch in Zukunft erhalten bleiben. Hier greift ein Regelkreis zwischen Vorfelderkundung und Forschung einerseits und kommerzieller Exploration andererseits. Große Industrieländer haben die Verpflichtung, immer genügend innovative Ansätze zu erarbeiten. Forschungsprojekte von Institutionen wie der Bundesanstalt für Geowissenschaften und Rohstoffe (BGR) tragen dazu bei. Dabei ist es unerheblich, welches Industrieunternehmen oder welcher Staat die innovativen Ansätze später aufgreift und zur wirtschaftlichen Reife führt, da die Welt ein globaler Markt ist.

Beschäftigt man sich mit der zukünftigen Rohstoffversorgung, so ist es zu kurz gegriffen, nur einzelne Rohstoffe isoliert zu betrachten. Fragt man sich, wofür wir Rohstoffe brauchen, so erkennt man, dass wir häufig nicht den Rohstoff selbst benötigen, sondern immer nur eine Eigenschaft bzw. Funktion des Rohstoffes. So wird zum Beispiel nicht das Metall Kupfer benötigt, sondern seine Leitfähigkeit und in der Kommunikationstechnologie die Möglichkeit, über Stromimpulse Nachrichten zu übermitteln. Dieselbe Funktion kann auch durch Glasfaserkabel erreicht werden, über Richtfunkantennen oder mit Hilfe von Satellitentelefonsystemen. Jeder dieser Lösungswege hat ein eigenständiges Rohstoffprofil.

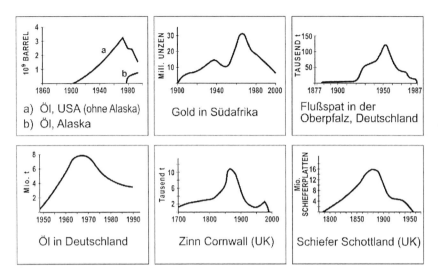

Abb. 2: Typische Lebenszykluskurven für ausgewählte Rohstoffe in einzelnen Regionen.

Von dieser Regel gibt es nur zwei Ausnahmen, nämlich Kalium und Phosphat. Die Pflanze braucht diese Rohstoffe als solche, Atom für Atom, zum Wachsen, ähnlich wie Wasser, der wichtigste Grundrohstoff unserer Welt. Neben den reichhaltigen Kalivorkommen als festes Salz gibt es diesen Rohstoff praktisch in unbegrenzten Mengen im Meer. Hier ist auf absehbare Zeit kein Mangel zu erwarten. Beim Phosphat ist es schwieriger. Hier muss die Verfügbarkeit durch neue Technologien, Verarbeitungs- und Anwendungsverfahren optimiert werden. Ansätze hierfür gibt es bereits mit Konzepten wie dem Precision Farming und einem verbessertem Recycling für Phosphat durch Rückgewinnung in Kläranlagen. Glücklicherweise haben beide, Kalium und Phosphat, hohe R/V-Verhältnisse, so dass man hier von einem Rohstoffparadoxon sprechen kann. Es bleibt ausreichend lange Zeit, um Lösungen für zukünftige Versorgungsengpässe zu finden.

Die drei Reservoire, aus denen der Mensch schöpfen kann, um Ersatz für alle denkbaren Funktionen zu finden, sind die 91 chemischen Elemente, die in ganz unterschiedlichen Konzentrationen in der Geosphäre vorkommen, sowie Schrott und alle anderen Reststoffe aus der Technosphäre und insbesondere seine eigene grenzenlose Kreativität.

Damit diese drei Reservoire im Regelkreis zur Rohstoffversorgung zusammenwirken, bedarf es eines Motors. Dieser Motor ist in unserem marktwirtschaftlichen System der Preis eines Rohstoffes. Entsteht eine Knappheit, steigt der Preis und verspricht demjenigen, der am schnellsten eine Lösung findet, eine hohe Belohnung. Bei allen Untersuchungen über mögliche Rohstoffengpässe, auch bei den so genannten strategischen Rohstoffen, die nur in geringem Maße substituiert werden können und bei deren Verknappung die Volkswirtschaft empfindlich reagiert, werden diese dynamischen Lösungsprozesse im Regelkreis zur Rohstoffversorgung immer wieder viel zu statisch betrachtet. Die Veränderung in der Verbrauchsstruktur beim Kobalt nach der Shaba-Krise 1978 mit drastischen Preissteigerungen für dieses Metall illustriert dieses deutlich.

Ein ganz aktuelles Thema als weiteres Beispiel: Heute wird in der EU der Ersatz von Blei durch Wismut politisch diskutiert. Als Gegenargument gegen diese Substitution wird unter anderem die geringe Reserve an Wismut angeführt. Bei dieser Argumentation wird völlig verkannt, dass die Reservensituation eine Folge der bisher geringen Einsatzmöglichkeiten von Wismut ist. Deshalb sind die Preise niedrig und bieten keinen Anreiz für eine Exploration auf dieses Metall. Steigt die Nachfrage, so wird der Preis steigen, die Exploration wird ausgeweitet, neue Reserven werden entdeckt und bergmännisch entwickelt.

Auch technologische Entwicklungen können eine Verbrauchsstruktur total verändern. Aluminium war einmal teurer als Gold. Nach Erfindung des Generators durch Werner von Siemens im Jahr 1866 und der Aluminiumelektrolyse durch Paul Heroult in Frankreich und Charles Hall in den USA im Jahr 1886 wurde Aluminium ein preisgünstiges Massenmetall, das heute billiger als Kupfer ist bei einem doppelt so hohen Verbrauch.

Möglichkeiten, um mit Hilfe der drei oben beschriebenen Reservoire Ersatz für Funktionen zu finden, sind nicht nur Neufunde von Lagerstätten und Substitution, sondern auch verbessertes Recycling, der sparsamere Einsatz von Rohstoffen, die verbesserte Ausbeutung bekannter Lagerstätten oder die Entwicklung völlig neuer Lösungswege wie im Beispiel Satellitenfunk anstelle stationärer Verbindungen mit Kupferleitungen. Würde der Eiffelturm heute erbaut, wären dafür nicht mehr 8000 t Stahl, sondern nur noch 2000 t erforderlich!

Oben wurde erläutert, dass das Verhältnis zwischen Reserven und Verbrauch eines Rohstoffes eine ungeeignete Maßzahl für die zukünftige Verfügbarkeit dieses Rohstoffes ist. Eine Möglichkeit, die zukünftige Verfügbarkeit abzuschätzen, bietet dagegen die so genannte „Hubbert-Kurve".

Jede Produktion durchläuft vom Beginn der Produktion bis zum Ende eine glockenförmige Lebenskurve, die natürlich bei Null beginnt, steil bis zum Fördermaximum ansteigt, ein mehr oder minder ausgeprägtes Plateau aufweist und anschließend flach oder steil abfällt, bis die Lagerstätten erschöpft sind und die Produktion wieder auf Null fällt. Diese Kurven gelten sowohl für eine einzelne Lagerstätte, für alle Lagerstätten eines Landes, eines Kontinents oder der ganzen Erde. Bei einer globalen Betrachtung ist im Hinblick auf die zukünftige Versorgungssituation nicht das Ende der Produktion entscheidend, sondern das Fördermaximum, der so genannte „Depletion Midpoint". Abbildung 3 zeigt die Hubbert-Kurve exemplarisch für konventionelles Mineralöl. Etwa 1950 begann die industrielle Erdölproduktion bei unter 1 Mio. t pro Jahr, stieg schnell bis auf etwa 3 Mio. t pro Jahr an und erreicht um 1980 auf diesem Niveau ein unscharf ausgebildetes Plateau. Die unterschiedlichen Szenarien der möglichen Entwicklungen, die in Abb. 3 dargestellt sind, haben eines gemeinsam: Etwa um 2020 wird das Maximum in der jährlichen Förderung erreicht, danach fällt die Produktion kontinuierlich ab. Spätestens nahe 2100 ist das Ende des Ölzeitalters erreicht.

Auch wenn unkonventionelles Öl aus den Teersandvorkommen in Kanada oder Schweröle aus Venezuela den Zeitpunkt noch weiter hinausschieben können, ist auf längere Sicht ein Übergang zu erneuerbaren Energien notwendig. Auch andere unkonventionelle Energieressourcen wie Gashydrate, die in großer Menge in den Permafrostgebieten der Erde sowie in den Ozeanen vorkommen, könnten zur Streckung der Ölreserven beitragen, falls es gelingt, für diese Ressourcen wirtschaftliche Gewinnungsmethoden zu entwickeln.

Unabhängig von diesen Szenarien zeigt die Hubbert-Kurve für Mineralöl, dass die Ölreserven begrenzt sind. Um ein Konzept im Sinne der nachhaltigen Entwicklung zu erreichen, müssen die Funktionen der fossilen Energierohstoffe durch erneuerbare und damit unerschöpfbare ersetzt werden. Die Potenziale sind wesentlich höher als der Verbrauch (Tab. 2).

Wichtig ist hier, unter Einsatz der Ressource menschliche Kreativität die Lernkurve zur Wirtschaftlichkeit dieser Energien möglichst schnell zu durchschreiten – eine Herausforderung für die weltweite geowissenschaftliche Rohstoffforschung. Dieses Beispiel trifft auch für fast alle anderen Bereiche der Rohstoffwirtschaft zu.

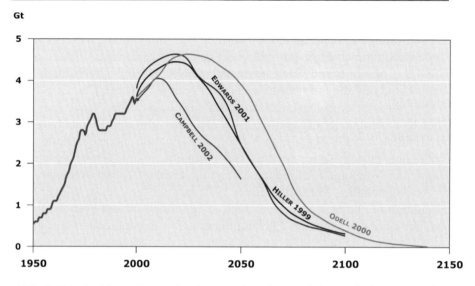

Abb. 3: Die Hubbert-Kurve für konventionelles Erdöl: Dunkel ist links der
tatsächliche Verlauf zwischen 1950 und heute dargestellt, danach
die Prognosen anerkannter Experten. Allen ist gemeinsam, dass das
Ölzeitalter zwischen 2050 und 2100 zu Ende geht.

Tab. 2: Weltweiter jährlicher Energieverbrauch in Exajoule [EJ] im Jahre
2001 (nach Wellmer & Becker-Platen 2002 und BGR 2002)

	Energie-verbrauch	Reserven	Ressourcen
	2001 [EJ]	[EJ]	[EJ]
Rohöl	147	9.100	14.000
Erdgas	80	5.200	39.700
Kohle	94	19.600	116.000
Kernenergie	25	1.500	8.300
Summe f. nicht-erneuerbare Energie	346	35.400	178.000

Tab. 2 (Forts.):

	Energie-verbrauch	Techno-logisches Potential	Theoreti-sches Potential
Wasserkraft	9	50	150
Biomasse	38	>280	2.900
Solarenergie	9	>1.575	3,0 Mio.
Wind	<1	640	6.000
Geothermik	<1	5.000	140 Mio.
Wellen/Gezeiten	<1	7	
Summe f. erneuerbare Energie	57	>7.545	>145 Mio.

Gesamtenergieverbrauch	403		

1 EJ ~ 22,8 Mio. t Erdöl oder ca. 30 Mrd. m^3 Erdgas oder 278 Mrd. kWh

Literaturverzeichnis

BGR [2002]. Bundesrepublik Deutschland: Rohstoffsituation 2001. Rohstoffwirtschaftliche Länderstudien, 27, 186 S., Bundesanstalt für Geowissenschaften und Rohstoffe, Hannover

BGR [2002]. Reserven, Ressourcen und Verfügbarkeit von Energierohstoffen 2002. Rohstoffwirtschaftliche Länderstudien, 28, 426 S., Bundesanstalt für Geowissenschaften und Rohstoffe, Hannover

Campbell, C. J. [2002]. Conventional oil endowment. ASPO Newsletter, 13: 8

Edwards, J. D. [2001]. Twenty-first-century Energy: Decline of fossil fuel, increase of renewable non-polluting energy sources. AAPG Memoir, 74: 21-34

Hiller, K. [1998]. Future world oil supplies – possibilities and constraints. Erdöl Erdgas Kohle, 133: 349-352

Odell, P. [2000]. Mehr Öl als nötig. Erdölinformationsdienst.

Wellmer, F.-W. / Becker-Platen, J.-D. [2002]. Sustainable development and the exploitation of mineral and energy resources: a review. Int. J. Earth Sci. (Geol. Rdsch.), 91: 723-745

Sea level change through the last glacial cycle:

Geophysical, glaciological and palaeogeographic consequences

Kurt Lambeck

Sea levels have fluctuated throughout geological time, periodically flooding or draining the world's coastal plains. Sea level is measured with respect to the land surface and any change reflects a shift in the position of the sea surface, a shift in the position of the land, or both. Sea level also changes if the volume of water in the oceans is augmented or decreased. On long geological time scales the ocean volumes probably have increased due to the outgassing of the planet but on the human time scale this increase is small. More important is the exchange of mass between the ice sheets and the oceans during glacial cycles. The ice sheets at the last peak in glaciation contained about 55×10^6 km^6 more ice than today and sea level on average was raised by about 130 m during the deglaciation phase. Sea level also changes if the shapes of the ocean basins are modified. On long time scales the formation of ocean ridges, or a change in ridge spreading rates, results in displacement of water and in global changes in sea level. These occur on time scales of 10^7-10^8 years and the global changes may attain a few hundred meters. Ocean-basin modification also occurs on shorter time scales in association with the glacial cycles.

The large ice sheets that formed over northern Europe and North America weighed down on the Earth's crust causing it to subside by hundreds of meters. Beyond the ice sheets the earth also responded to this stress and the shape of the planet, including the ocean basins, changes in phase with the growth and decay of the ice sheets. Changes in the mass distribution on or near the Earth's surface can change the redistribution of the water in the oceans: the growing ice sheet exert a gravitational pull on the adjacent water, change the shape of the surfaces of gravitational potential, and modify sea level. As a result of these combined processes sea-level change exhibits a complex spatial and temporal spectrum that contains within it a wealth of information on processes operating on the planet: on tectonic processes that cause the uplift or subsidence of the shorelines, on the magnitudes and timing of past glacial cycles, on the deformational physics of the solid part of the planet, and on the meteorological and oceanographic forcing of the sea surface.

Observations of sea-level change are most complete for the period after the last deglaciation and an immediate observation is that the results vary from place to place. There is rhyme and reason behind this, namely the glacial cycles: the ice-water loading of the planet is modified and the surface, including the floor of the ocean basins, deforms. This deformation is most significant beneath the ice sheets but the loading of the ocean basins by the meltwater (or by the removal of water to the ice sheets) is also a contributing factor. Furthermore, as the ice-water mass is redistributed and the earth deforms, the gravitational potential of the earth-ocean-ice system is modified and this contributes further to the sea level change. It is this, that determines the observed spatial variability from otherwise tectonically stable sites.

To model the sea-level change the requirements are (i) a set of model parameters defining the Earth's rheological response to loading, (ii) a model for the advance and retreat of the ice sheets and (iii) a model for the time dependence of the ocean basin shape. The last of these is provided as a first approximation by the present description of the ocean-land boundaries and water depths and this is then refined by the successive iterations. The elastic parameters defining the earth response are known from seismic studies but the viscosity layering is usually assumed to be only partly known. The final retreat of the ice over the northern continents is reasonably well understood but its retreat over the continental shelves is less well recorded. Also its thickness and its earlier history are not well known. Thus the ice load cannot be assumed known and observations of sea-level change are important not only for determining the Earth's rheology but also for constraining the ice sheets.

The principal Earth-rheology results from these inversions include evidence for a marked depth dependence of the mantle viscosity, with the average lower mantle viscosity being about 20-50 times higher than the average upper mantle viscosity. Within the upper mantle some depth dependence also occurs with the seismic transition zone between ~400 and 670 km depth having a higher viscosity than the upper zone. The effective elastic thickness of the overlying lithosphere appears to be of the order 65-80 km for most of the continental regions. There is growing evidence that these average parameters are laterally variable. The upper mantle viscosity, for example, may range from about 10^{20} Pa s or less beneath the South Pacific lithosphere to about $(5\text{-}7)\times10^{20}$ Pa s beneath North America but mostly either the observational evidence or the *a-priori* information on the ice loads is inadequate to attempt formal solutions for lateral variability.

Even without formal inversions the observational data provides a quick indicator of the nature of the ice sheet limits. Thus the ~10,000 year old elevated shorelines observed across Svalbard indicate that before that time a substantial ice sheet was centered over the Barents Sea out to the shelf edge. The absence of such shorelines along the southern shores of the Kara Sea indicates that any such ice sheet over Arctic Russia must have been much older than the time of the last peak in glaciation. The well elevated shorelines of Baffin Island dictate that the ice margin here at the time of the Last Glacial Maximum (LGM) stood at the edge of the shelf in the Davis Strait. Likewise, the rebound of segments of the Antarctic coast where old rock surface are exposed indicates that here also the ice stood further off-shore and was thicker than it is today.

If the ice margin locations are known then the inversions of sea-level data do appear to yield reliable parameters for Earth's rheology and ice thick-ness provided that the observational data is well distributed around the for-mer ice margins and provided that the data extends back into early Lategla-cial time. For Scandinavia, the inversion results indicate that the Lateglacial ice thickness was relatively thin (~2000 m) when compared with ~3500 m for the classic ice sheet models, particularly in the southeast and south. A few records for earlier epochs, e.g. Andøya, indicate that during the early part of the LGM the ice thickness was greater than this and that a rapid reduction occurred in early Lateglacial time with the eastern part of the ice sheet becoming unstable at about 19,000-18,000 years ago.

The cold period of MIS-3, preceding the LGM, is characterised by a time of rapid oscillations in sea level with the implication that the ice-volume re-sponse to fluctuations in climate were rapid and substantial. Within dating precision, the timing of the highstands within this interval, at 32, 36, 44, 49-52, and 60 thousand years ago, coincide with variations in ice-rafted debris deposition noted in both the North and South Atlantic Oceans (the Heinrich events) and this suggests a close relationship between periods of reef growth at Huon and the climate signals in the marine sediments of the Atlantic: reef growth occurs in response to rising sea level caused by ice-sheet collapse during or at the end of cold periods. If this correlation is accepted then the best chronology for the Heinrich events is the U-series ages for the Huon terraces.

The last interglacial (Marine Isotope Stage 5e, MIS-5e) is defined by a period of global reef growth at levels near present sea level. Detailed analyses of the reefs of both Huon and Barbados point to a rapid transition from interglacial to cold conditions with global ice volumes about 30% of the additional ice at the time of the LGM and with equally rapid decreases and regrowth of the ice. The transition to the stadial 5d, for example, suggests that ice volumes of as much as 20×10^6 km^3 can form in less than 10,000 years. Where this ice formed remains uncertain but the most probable location is over Arctic Russia rather than Scandinavia, and over Arctic Canada rather than over the more southern latitudes of the LGM ice.

Once Earth and ice models have been established from the sea level and other rebound data, it is possible to predict the evolution of shorelines and bathymetry through time, particularly for period since the time of the LGM. Examples of past shoreline reconstructions will be illustrated for several localities: the Persian Gulf, the Aegean and the area between North Africa and southern Italy. These examples all indicate that significant changes occurred in the geography of both the Mediterranean Basin and the Near East at a time when modern man was exploring the region and laying down the foundations for its legends, the interpretation of which should be done in this palaeogeographic framework rather than that provided by a modern atlas. A predominant effect of the climate change from the ice age to the warmer conditions would have been the rising sea level with the flooding of coastal plains, the loss of access to caves (e.g. Cosquer Cave) and other habitation or work sites (e.g. the submerged obsidian work-sites of Saliagos or the flooded neolithic settlements offshore Israel) and it is tempting to suggest that the nearly-universal flood myth is the collective but distant memory of a time when coastal campsites had to be regularly displaced from a persistently advancing sea. It is perhaps notable that the flood legend appears to be absent around the Gulf of Bothnia and northern Baltic shores.

Variabilität der Meereisdecke in den Polargebieten

Peter Lemke

Einleitung

In den vergangenen Jahren haben Änderungen der polaren Meereisgebiete weltweit großes Aufsehen erregt. Es entstand allgemein der Eindruck, dass die Meereisdecke in den Polargebieten nicht mehr stabil sei und die globale Erwärmung sich schon bis in die Arktis ausgebreitet hätte. Eine detaillierte Analyse zeigt in der Tat große dekadische Schwankungen der Meereisbedeckung, aber nur einen kleinen langfristigen Trend. Veränderungen der Packeisgrenze gehören zu den bedeutendsten Merkmalen von Klimaschwankungen in den Polargebieten. Diese Veränderungen zu verstehen und damit auch vorherzusagen, ist nicht nur von Interesse für Fragen des regionalen und globalen Klimas, sondern hat auch große praktische Bedeutung, da die Polargebiete in zunehmendem Maße wirtschaftlich genutzt werden.

Das Klimasystem

Klimaschwankungen sind eine wesentliche Eigenschaft der Erdgeschichte. Sie erstrecken sich auf Zeitskalen von Wochen bis zu Jahrmillionen. Klimaschwankungen sind das Resultat von externen Anregungsmechanismen (z.B. Änderungen der Erdbahnparameter) und internen Wechselwirkungen im Klimasystem, das gebildet wird durch Atmosphäre, Ozean, Eis, Biosphäre und Landoberflächen. Die Komponenten des Klimasystems sind unterschiedlich träge und variieren daher auf unterschiedlichen Zeitskalen. Variationen in der Atmosphäre dauern üblicherweise einige Tage und stellen das Wetter dar. Schwankungen der Meereisgrenze und der Ozeanoberflächentemperatur zeigen Perioden von einigen Monaten, während die Umwälzzeiten des tiefen Ozeans etwa 1000 Jahre betragen. Größere Änderungen der kontinentalen Eiskappen finden im Zyklus der Eiszeiten etwa alle 100.000 Jahre statt.

Wechselwirkungen bzw. Rückkopplungen zwischen den Komponenten des Klimasystems sind vielfältig und können selbstverstärkend (positiv, d.h. instabil) oder selbstabschwächend (negativ, d.h. stabil) sein. Das Meereis ist – wie auch der Schnee und die Landeismassen – an mehreren klimarelevanten Rückkopplungsmechanismen beteiligt. Ein wesentlicher Mechanismus ist der positive Temperatur-Eis-Albedo Feedback: Ein anfänglicher Temperaturrückgang führt zu einer vergrößerten Eisfläche, die wiederum über eine erhöhte Reflexion von solarer Einstrahlung (bedingt durch die helle Farbe von Eis und Schnee) zu einem Energieverlust und daher zu tieferen Temperaturen führt. Im Klimasystem wirken Rückkopplungsschleifen im Allgemeinen nicht separat, sondern sind durch Wechselwirkungen zu einem Netz von Rückkopplungsschleifen miteinander verbunden. Störungen des Systems werden daher auf vielfältige Weise verstärkt oder abgeschwächt. Da das Klimasystem zwar große Schwankungen aufweist, aber doch im Ganzen stabil erscheint, gleichen sich positive und negative Rückkopplungsmechanismen im Wesentlichen aus.

Meereis und das Klima

In hohen Breiten ist ein beträchtlicher Teil des Ozeans mit einer Eisdecke versehen. Auf der geophysikalischen Skala ist Meereis eine dünne, von Seegang und Tiden in einzelne Schollen zerbrochene Schicht auf den polaren Ozeanen, die von Wind und Meeresströmungen bewegt und von thermodynamischen Prozessen in ihrer Dicke und Ausdehnung verändert wird. Meereis bildet die Grenze zwischen den beiden viel größeren geophysikalischen Fluiden, der Atmosphäre und dem Ozean, und beeinflusst daher ihre Wechselwirkung in erheblichem Maße. Meereis bedeckt im März 5% und im September 8% der Ozeanoberfläche auf der Erde. Im Arktischen Ozean ist es im Mittel 3 m und im Südlichen Ozean 1m dick.

Da das Meereis, auch wenn es nicht von Schnee bedeckt ist, eine hohe Albedo (0.5-0.9) hat, d.h. 50-90% der eintreffenden Sonnenstrahlung von der Erdoberfläche weg in den Weltraum reflektiert, spielt es im Klimasystem – wie auch der Schnee – die Rolle einer Energiesenke. Diese Rolle wird noch dadurch verstärkt, dass es durch seine isolierende Wirkung den Wärmeaustausch zwischen dem relativ warmen Ozean (-1°C) und der kalten Atmosphäre (-30°C) behindert. Über Meereisflächen ist die Atmosphäre also deutlich kälter als über dem offenen Ozean.

Das Meereis beeinflusst aber nicht nur die Atmosphäre, sondern auch den Ozean. Der bedeutendste Effekt ist dabei die Bildung von Tiefen- und Bodenwasser in den von Meereis beeinflussten Gebieten. Der Salzgehalt des Meerwassers beträgt im Mittel 34‰, der des Meereises dagegen nur etwa 5‰. Eine beträchtliche Menge Salz wird daher beim Gefrierprozess in den Ozean abgegeben. Dadurch wird das Oberflächenwasser schwerer, so dass Konvektion einsetzt und tiefere Ozeanschichten erreicht. Auf diese Weise wird im Winter in den Polargebieten dichtes Meerwasser erzeugt, das in tiefe Ozeanschichten sinkt und dadurch die ozeanische „thermohaline" Tiefenzirkulation antreibt.

Meereisvariationen

Robbenfänger waren die Ersten, die vor mehr als 200 Jahren Daten über die Lage der Packeisgrenzen notiert und gesammelt haben. Allerdings sind diese Beobachtungen räumlich sehr begrenzt. Erst seit den 1970er Jahren gibt es einen globalen Datensatz über die Ausdehnung des Meereises und seine Bewegung, der auf Satelliten-Fernerkundungsmethoden und internationalen Bojen-Programmen beruht. Die zeitliche Entwicklung der gesamten Meereisfläche in Arktis und Antarktis ermittelt aus diesen Daten ist in Abb. 1 dargestellt. Offensichtlich haben die beiden Polargebiete eine unterschiedliche Entwicklung durchgemacht. In der Arktis ist nach einem Anstieg in der Mitte der 70er Jahre von 1978 bis 1990 eine deutliche Abnahme der eisbedeckten Fläche zu verzeichnen, und seitdem ist die Meereisausdehnung bis auf kleine Schwankungen konstant geblieben. In der Antarktis nimmt die Meereisfläche nach einem drastischen Rückgang in den 70er Jahren seit 1980 langsam zu. Wie in der Arktis ist der langfristige Trend von kurzzeitigen Schwankungen überlagert. Die starke globale Erhöhung der Lufttemperaturen in den 1990ern hat sich offensichtlich nicht direkt auf die Meereisausdehnung in beiden Polargebieten ausgewirkt. Die Meereisausdehnung wird allerdings nicht nur durch die Lufttemperatur, sondern auch durch den Wind und den ozeanischen Wärmefluss beeinflusst.

Ob sich die globale Erwärmung auf andere Meereisvariablen, wie z. B. die Meereisdicke ausgewirkt hat, lässt sich gegenwärtig nicht mit Bestimmtheit sagen, da wir über die Entwicklung der Meereisdicke nur sehr wenig wissen. Der Grund liegt darin, dass die Dicke des Meereises zurzeit nur mit großem Aufwand und dann auch nur lokal gemessen werden kann. In den vergangenen Jahrzehnten wurde die Meereisdicke auf vielen Expeditionen ins Packeis beider Polargebiete systematisch durch Bohrungen ermittelt.

114

Mit diesen punktuellen Bohrungen lassen sich allerdings keine großskaligen Dickenänderungen untersuchen. Dazu ist es nötig, großflächige Messungen z.B. von Hubschraubern, Flugzeugen oder besser noch von Satelliten aus zu unternehmen. Verfahren, die dies ermöglichen, sind inzwischen entwickelt worden, einige sind allerdings noch im Experimentierstadium, zeigen aber ermutigende Resultate (HAAS und EICKEN, 2001).

Ein schon länger erprobtes Verfahren ist die Nutzung von Eisecholoten, d.h. von Schallsignalen, die von U-Booten nach oben abgestrahlt von der Meeresoberfläche oder von der Unterseite der Eisschollen reflektiert werden. Aus der unterschiedlichen Laufzeit vom Sensor zur Meeresoberfläche oder zur Eisscholle lässt sich der Tiefgang der Schollen, und mit einigen Annahmen auch die gesamte Eisdicke auf der Fahrtroute des U-Bootes bestimmen.

Die Analyse begrenzt freigegebener Datensätze von militärischen U-Booten zeigt im Vergleich von Beobachtungen in den 60er Jahren und Anfang der 90er eine bis zu 40%ige Reduktion der Eisdicke. Allerdings sind diese Daten auf den Sommer beschränkt und stammen nur aus einem engen Bereich der zentralen Arktis. Sie lassen sich also nicht auf die gesamte Arktis übertragen. Auch hier gilt: die Messungen sind regional und zeitlich zu eng begrenzt, um Aussagen über die globale Langzeitentwicklung zu machen.

Eine globale Langzeitmessung lässt sich nur von Satelliten aus im Mikrowellenbereich durchführen. In diesem Bereich sind Luft und Wolken transparent. Technisch ist das bisher wegen der erforderlich hohen Genauigkeit noch nicht gelungen. Das Freibord der Eisschollen beträgt nur einige 10 cm, und die Rinnen zwischen den Eisschollen sind nur wenige 100 m breit. Ein abtastender Radarpuls muss also fein gebündelt sein und sehr genaue Laufzeitmessungen ermöglichen. Zur Zeit ist ein neuer Satellit (CryoSat, siehe http://www.esa.int/export/esaLP/cryosat.html) in der Entwicklung und soll 2004 von der Europäischen Raumfahrtagentur ESA gestartet werden. Er wird ein neuartiges Radaraltimeter an Bord haben und soll kontinuierlich wetter- und wolkenunabhängig das Freibord der Eisschollen messen.

Inzwischen lassen sich aber auch mit Beobachtungen von Lufttemperatur und Wind durch die Wetterdienste, ein wenig Physik und einem schnellen Computer Schwankungen der Meereisdicke abschätzen und vorhersagen. Die physikalischen Gleichungen eines solchen Meereismodells bestehen im Wesentlichen aus einem System gekoppelter partieller Differenzialgleichungen. Mit den entsprechenden Anfangswerten und zeitlich veränderlichen Randbedingungen lassen sich diese Gleichungen auf einem numerischen Gitter, das der betrachteten Geographie angepasst ist, mit einem Rechner zeitlich vorwärts integrieren. Die wesentlichen, täglich vorzugebenden, Randbedingungen für das Meereis sind Lufttemperatur, Wind, solare Einstrahlung und der ozeanische Wärmestrom.

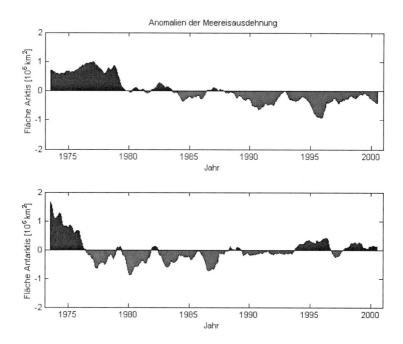

Abb. 1: Zeitliche Entwicklung der Anomalien der gesamten Meereisfläche in Arktis (oben) und Antarktis (unten) seit 1973. Gezeigt sind die Abweichungen von den langjährigen Monatsmittelwerten. Im Jahresmittel bedeckt das Meereis in der Arktis 12,35 Millionen km^2 und in der Antarktis 12,63 Millionen km^2.

Integriert man das Meereismodell mit den atmosphärischen Beobachtungen der Wetterdienste aus den letzten 50 Jahren, so zeichnet sich in der Meereisentwicklung eine ausgeprägte Variabilität ab (HILMER und LEMKE, 2000). Das gesamte Eisvolumen der Arktis ist dabei hauptsächlich durch dekadische Schwankungen gekennzeichnet (Abb. 2). Es zeigt sich, dass der

Trend über die 50 simulierten Jahre verschwindend klein ist. Betrachtet man aber nur die letzten 40 und insbesondere die letzten 10 Jahre, dann ist der Rückgang des Meereises sehr markant. Der Trend ist also sehr abhängig von den betrachteten Zeitskalen. Das Interessante an Abb. 2 ist demnach nicht die langfristige Entwicklung, sondern die beträchtliche Amplitude der dekadischen Variationen, deren Ursachen noch nicht im Detail verstanden sind.

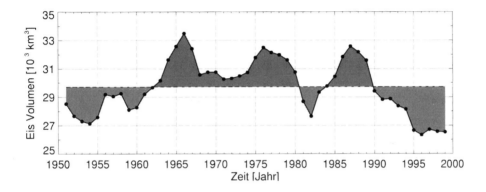

Abb. 2: Zeitserie der Jahresmittel des simulierten Meereisvolumens in der Arktis.

Ausblick

Projektionen der Klimaentwicklung für verschiedene Szenarien der Entwicklung der Weltwirtschaft (d.h. im Wesentlichen der Energieproduktion und damit der Emission von Treibhausgasen) für die kommenden 100 Jahre deuten auf eine globale Temperaturerhöhung von 1,4 bis 5,8°C hin, wobei die größten Werte im Winter auf den Kontinenten und in den Polarregionen auftreten (HOUGHTON et al. 2001). Für Deutschland werden 3-4°C berechnet und für den Bereich der Arktis 8-10°C. Die Folge ist ein weiterer deutlicher Rückgang der Gletscher und der winterlichen Schneedecke und ein starker Rückzug der Meereisgrenzen.

117

Literatur

Haas, C. / Eicken, H. [2001]. Interannual variability of summer sea ice thickness in the Siberian and Central Arctic under different atmospheric circulation regimes. J. Geophys. Res., 106 (C3): 4449-4462.

Hilmer, M. / Lemke, P. [2000]. On the decrease of Arctic sea ice volume. Geophys. Res. Lett., 27: 3751-3754.

Houghton, J.T. / Ding, Y. / Griggs, D.J. / Noguer, M. / Van der Linden, P.J. / Xiaosu, D. [2001]. Climate Change 2001, The scientific basis. Cambridge University Press (siehe auch: http://www.ipcc.ch).

Klima in historischen Zeiten

Jörg F. W. Negendank und das KIHZ-Konsortium

Das KIHZ-Strategiefondsprojekt: „Natürliche Klimavariationen während der letzten 10.000 Jahre" kombiniert paläoklimatische, quasimeteorologische Proxydatenreihen, meteorologische Messreihen und Klimamodelle verschiedener Komplexität. Ein Teil bestand darin, eine physikalisch konsistente, räumliche und zeitliche Interpolation von Proxydaten zu erreichen, indem Klimazustände in einem globalen Computermodell in die Nähe der aus Proxydaten abgeleiteten Zustände gezwungen werden (Datenassimilation). Diese Klimazustände basieren auf Beziehungen zwischen Proxydaten und großräumigen Klimaanomalien mit Ausdehnungen von mehreren tausend Kilometern (upscaling).

Bei der Erstellung der Multiproxynetzwerke und abzuleitender Transferfunktionen und der Assimilation von Proxydaten in Modelle wurde international wissenschaftliches Neuland betreten, was in fast allen diesbezüglichen Bereichen zu einer wesentlichen Ausdehnung der zu bearbeitenden Fragestellungen und zur Verschiebung im Zeithorizont der avisierten Ziele geführt hat.[1]

---

1 Bisher bekannte Methoden sind nicht geeignet, großskalige Muster in ein allgemeines Zirkulationsmodell zu assimilieren. Deshalb wurde das sog. DATUN-Verfahren (Data Assimilation Through Upscaling and Nudging) entwickelt, bei dem die in Multiproxynetzwerken (MPN) enthaltenen Klimainformationen extrahiert und auf eine dynamisch konsistente Weise interpoliert werden. Im ersten Upscaling-Schritt werden multivariate Techniken (z. B. Kanonische Korrelationsanalyse) verwendet, um aus MPN die Intensitäten großräumiger atmosphärischer Zirkulationsmuster zu schätzen. Im zweiten Schritt werden diese in ein numerisches Klimamodell assimiliert. Der erwartete Informationsgewinn gegenüber einer Superposition multipler, geschätzter Muster liegt in der Möglichkeit des Modells, dynamisch inkonsistente Kombinationen abzulehnen sowie in der Reaktion nicht direkt beeinflusster Skalen. So ist z. B. damit zu rechnen, dass eine vorgeschriebene Veränderung der Intensität der Arktischen Oszillation die Zugbahnen der Tiefdruckgebiete beeinflusst.

Projektstruktur

KIHZ wurde 1998 von Geowissenschaftlern und Modellierern von 7 Arbeitsgruppen aus 5 Zentren der Hermann von Helmholtz Gemeinschaft (HGF) gegründet und über den Strategiefonds der HGF von 1998 – 2001 finanziert.

Seit April 2000 wird KIHZ durch eine Ringgruppe, bestehend aus 9 Arbeitsgruppen von 8 Universitäten und Instituten der Wissenschaftsgemeinschaft Gottfried Wilhelm Leibniz (WGL) ergänzt, die mit Mitteln des Bundesministeriums für Bildung und Forschung durch das Deutsche Zentrum für Luft- und Raumfahrt e.V. (DLR) gefördert wurden und werden. (Abb. 1)

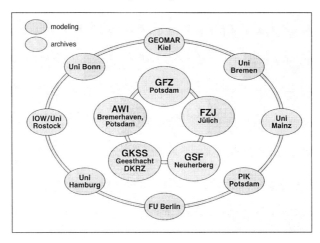

Abb. 1: An KIHZ beteiligte Universitäten und WGL-Institute (äußerer Ring) und HGF-Institute (innerer Ring).

Aus der großen Anzahl von Detailergebnissen sollen zusammenfassend die wesentlichen Resultate hinsichtlich der Modelle und der Proxydatengewinnung in den verschiedenen Archiven als quasimeteorologische Messreihen vorgestellt werden.

Modellierungsverfahren

Extern angetriebene Modelle im Vergleich zu Proxydatenreihen

Es ist zum ersten Mal gelungen, die kälteren Perioden in den letzten 500 Jahren, nämlich das Maunder-Minimum (~1700 AD) und das Dalton Minimum (~1800 AD), mit einem 3-dimensionalen Klimamodell (ECHO-G) zu simulieren. Die simulierten natürlichen Klimaschwankungen in diesem Zeitraum fallen ausgeprägter aus als die aus Proxydaten rekonstruierten Schwankungen. Regional detaillierte auf Proxydaten beruhende Rekonstruktionen der kleinen Eiszeit in Europa stimmen im Wesentlichen mit den Modellergebnissen überein, so dass die mit diesem Modell erzielten Klimaprognosen an Zuverlässigkeit gewinnen.

Somit ist festzuhalten, dass diese solar und vulkanogen angetriebenen 500-Jahresläufe mit unterschiedlichen Anfangsbedingungen die „Kleine Eiszeit" (1675-1710) nachweisen und mit dem solar verursachten Maunder und Dalton-Minimum übereinstimmen. Ein 1000-Jahres-Ablauf wird zur Zeit gerechnet.

Die KIHZ-Paläoarchive dokumentieren diese kleine Eiszeit im Klimaregime des NAO (Grönlandeiskerne, Holzmaarsedimente, Lac Pavin, Baumringe) im weiteren Bereich des NAO-bestimmten asiatischen Raumes (Baumringe, Seesedimente Sibirien), aber auch in tropischen Korallen auf der Südhemisphäre (Madagaskar, Seychellen [~SST 0,3-0,5°C niedriger als heute]). Das deutet sich auch in Eiskernprofilen der Antarktis an (2.1.1).

Im Modell intermediärer Komplexität CLIMBER-2 wurde die Bedeutung der angetriebenen Klimavariabilität relativ zur internen Klimavariabilität für das Holozän unter den kombinierten Einflussfaktoren, Schwankungen der Solarkonstanten, Änderung der vulkanischen Aktivität, Änderung der Landnutzung und des Kohlenstoffkreislaufs mit dem Ergebnis betrachtet, dass in Temperatursimulationen und –rekonstruktion eine Häufung von positiven Anomalien[2] während des Mittelalters (11.-13. Jahrhundert) und von negativen Anomalien während der „Kleinen Eiszeit" (1675-1710) und

---

2 Eine Spektralanalyse zeigt, dass eine recht gute Übereinstimmung zwischen den Spektren der simulierten und der rekonstruierten Temperatur in der vorindustriellen Zeit erreicht wird, wenn die Simulation sowohl den solaren als auch den vulkanischen Antrieb enthält. Dabei wird von der solaren Aktivität Klimavarianz in den dekadischen und multidekadischen Zeitskalen generiert und von der vulkanischen Aktivität Klimavarianz in den interannuellen Zeitskalen.

der Wandel von negativen zu positiven Anomalien seit Beginn der Industrialisierung (~1850 AD) (2.2.9) festzustellen ist.

Das Echo-G Modell bestätigt das mit der Aussage, dass die Temperaturen im Maunder- und Dalton-Minimum deutlich kälter waren als heute und eine globale Erwärmung seit Mitte des 19. Jahrhundert zu erkennen ist, die mit einer verstärkten solaren Einstrahlung bis 1950 zusammenfällt. Danach spielte die solare Aktivität für die langfristige Klimavariabilität eine dominante Rolle in der vorindustriellen Zeit. Ab 1950 steigt jedoch die globale Temperatur weiter, obwohl die effektive solare Einstrahlung sich abschwächt, was auf eine zunehmende Konzentration von Treibhausgasen zurückzuführen ist.

Um den Einfluss der Sonnenvariabilität (11-jähriger Sonnenfleckenzyklus) auf die Stratosphäre und mittlere Atmosphäre zu erfassen, wurde u. a. die QBO gerade im Nordsommer eingesetzt, da das solare Signal auch außerhalb des Nordwinters in den verschiedenen Phasen der QBO über den Tropen und Subtropen sehr unterschiedlich ausgeprägt ist (Teilprojekt 2.1). Die Struktur des solaren Signals im Sommer deutet darauf hin, dass die mittleren Meridionalzirkulationen (Hadley- und Brewer-Dobson-Zirkulation) besonders während der Ostphase der QBO beeinflusst werden.

Es konnte gezeigt werden, dass die Korrelationen für die gesamte Zeitreihe (NCEP/NCAR Realdatenanalysen ohne Unterteilung nach QBO-Phasen) und die Unterteilung in QBO-Ost- und Westphase über der gesamten Nordhemisphäre positiv, am schwächsten über den inneren Tropen und beiden polaren Gebieten sind und negativ über den mittleren Breiten der Südhemisphäre.

Die verschiedenen Sensitivitätsstudien ergaben, dass die spektralen Änderungen der solaren Einstrahlung während des 11-jährigen Sonnenfleckenzyklus ebenso wie die dadurch induzierten Ozonänderungen gleichermaßen von Bedeutung sind und berücksichtigt werden müssen.

Die entwickelten und implementierten Verfahren zu Assimilation eines Klimazustandes und zur Diagnostik des Antriebs von Telekonnektionsmustern stellen wichtige Werkzeuge auf dem Weg zum Verständnis der atmosphärischen Dynamik dar (Teilprojekt 2.6). Insbesondere die durch rekonstruierte Telekonnektionsmuster angetriebene Simulation vergangener Klimate (DATUN), wie sie von anderen Gruppen betrieben wird (GKSS, von Storch), kann mit diesen Methoden verfeinert und besser abgesichert werden. Die durchgeführten Experimente mit PUMA und Orographie haben zu einer Verbesserung des Modells geführt, so dass für Modellläufe über größere Zeitskalen eine realistischere Simulation der Orographie möglich wird. Die Komplexität der von Orographie erzeugten Wellen wurde durch verschiedene Analyse- und Diagnostik-Werkzeuge sichtbar gemacht. Besonders deutlich wurde die starke Abhängigkeit der Klimavariabilität von der Höhe und der Position der Orographie. Das unterstreicht die Wichtigkeit der mechanischen Wirkung des Eisschildes auf die atmosphärische Zirkulation für die Simulation von klimahistorischen Vorgängen.

In den Experimenten mit subtropischen Wärme-/Kältequellen wurde die hohe Sensitivität der internen Klimavariabilität von der Lage, der Ausdehnung und der Stärke der Sahara-Wärmequelle gezeigt. Das zeigt, wie wichtig es ist, auch diesen Faktor bei der Simulation des Klimas auf historischen Zeitskalen zu berücksichtigen. Für eine realistischere Darstellung der Sahara müssen aber noch weitere Experimente durchgeführt werden.

Modelle ohne externen Antrieb

Modellläufe unter Konstanz aller externen Faktoren (Solarkonstante, Konzentration der Treibhausgase) dienten der Untersuchung der internen Klimavariabilität. Es hat sich gezeigt, dass Modellsimulationen mit Klimamodellen moderater und hoher Komplexität nachweisen, dass alle Modelle in der Lage sind, interannuelle, dekadische und interdekadische Klimavariationen bei konstanten externen Antriebsfaktoren aufgrund der internen Dynamik zu generieren. Dabei unterscheidet sich das Variabilitätsspektrum jedoch erheblich voneinander. Während die Analyse der Simulation des Klimamodells moderater Komplexität bevorzugte zeitliche Moden von 9, 20, 30, 45 und 70 Jahren ergaben, zeigten die Waveletanalysen der GCM-Läufe zeitliche Variabilität auf allen Zeitskalen mit intermittentem Charakter. Das führte zur Schlussfolgerung, dass zuverlässige Aussagen mit diesen Modellen (Zeitskala von Jahren, Jahrzehnten und Jahrhunderten) nur bei adäquater Wiedergabe des nichtlinearen Charakters der atmospärischen Dynamik durch die Modelle gegeben sind.

Proxygenerierter Modelllauf

Ein proxygenerierter Modelllauf für 1000 Jahre ist in Arbeit. Eine Verzögerung hat sich durch erhebliche wissenschaftliche und technische Probleme bei der Assimilation der Proxdaten auf großräumige Zirkulationsmuster ergeben. Generell spielen neben meteorologischen Messreihen Proxydatenreihen eine entscheidende Rolle zum Antrieb bzw. zur Verifikation von Modellen.

Hierbei hat sich herausgestellt, dass die vorhandenen Proxydatenreihen in KIHZ und auch die in der Literatur verfügbaren Reihen oft bei der Umsetzung in großräumige Klimaregime kein konsistentes Bild ergeben. Deshalb ist es grundsätzlich international dringend geboten, flächendeckend neue Proxydatensätze auf Jahresbasis in allen Archiven zu gewinnen. Es war jedoch möglich, allerdings mit hohem statistischem Aufwand, u. a. Telekonnektionen NAO, AO, AAO (Nordatlantische-, Arktische-, Antarktische Oszillation) zu erfassen. So zeigt u. a. die Klimavariabilität der Korallen im Roten Meer für die letzten 250 Jahre im Winter Bezug zur AO, also großregionalen Verhältnissen, während im Sommer ein stärker regionales Signal zu erkennen ist. Eine ähnliche Aussage lässt sich für die Südhemisphäre der Korallen SST folgern (Winter/Frühling: großregionales Zirkulationsmuster, Sommer: regionales Muster). Ähnliches scheint für die Monsunentwicklung zu gelten.

Ein Modelllauf über 8000 Jahre ist mittlerweile von der Rechenkapazität her möglich. Er ist aber aufgrund des Aufwandes nur vernünftig, wenn die Probleme der Proxydatenverfügbarkeit und Konsistenz an zahlreichen Lokalitäten überwunden werden können. Deshalb wird die Strategie darin bestehen, den 8000-Jahreslauf in Form von Abschnitten oder Zeitfenstern mit hoher Belegung zu beginnen und dann die Abschnitte zu integrieren.

Die Voraussetzung der Korrelation aller auf Jahresbasis beruhenden Archive erscheint auf der Grundlage der Phasenanalyse verschiedenster saisonal und jährlich aufgelöster Parameter möglich (2.1.8).

Flusskorrekturoptimierung gekoppelter Modelle und Atmosphärenmodellierung unter beschleunigten Randbedingungen

Im Rahmen der Modelluntersuchungen zur Variabilität des arktischen Süßwasser-Budgets während des Holozäns und dessen Einfluss auf die großräumige Dynamik des Ozeans wurde die besondere Bedeutung der Beringstraße herausgearbeitet, die während der letzten Eiszeit aufgrund des niedrigen globalen Meeresspiegels vollständig geschlossen war. (Teilprojekt 2.4). Die Öffnung begann langsam vor 12000–13000 Jahren und vollzog sich über das ganze Holozän. Der heutige Zustand war vor ca. 6000 Jahren erreicht.

Die Resultate der Modellierung des allmählich verstärkten Einstroms bzw. der Öffnung der Beringstraße im frühen Holozän zeigen aufgrund der Effekte auf die thermohaline Zirkulation (großskalige ozeanische Wärmetransporte) und die der Meereisbedeckung (Oberflächen-Albedo), dass dieser Vorgang ein erhebliches Potential zur regionalen und überregionalen Klimabeeinflussung besaß.

Die Simulationen von holozänen Klimaänderungen unter beschleunigten Randbedingungen zeigen anomale Oberflächentemperaturen und Niederschläge für 6000 Jahre vor heute. Zu erkennen ist eine positive Temperaturanomalie von mehr als 1°C in hohen nördlichen Breiten, hingegen eine Abkühlung in den Subtropen und Tropen. Letzteres kann mit einer verringerten Einstrahlung von über 20 W/m^2 während der Wintermonate Dezember, Januar und Februar (DJF) in Zusammenhang gebracht werden. Das charakteristische Muster in hohen Breiten resultiert aus einer atmosphärischen Zirkulation, die durch eine positive Phase der Arktischen/Nordatlantischen Oszillation gegenüber heute gekennzeichnet ist. Einstrahlungsänderungen machen sich in den Extratropen nur in den Sommermonaten bemerkbar.

Niederschlagsänderungen sind hauptsächlich in den Tropen zu sehen: In den Monaten Juni, Juli, August wird ein erhöhter Niederschlag über Afrika, Indien und China, hingegen weniger Nettosüßwasser über dem tropischen Atlantik festgestellt. In den Monaten DJF wird im Modell ein erhöhter Nettoniederschlag auf der Südhemisphäre beobachtet. Diese Muster sind auf eine polwärtige Verlagerung der Innertropischen Konvergenzzone zurückzuführen.

Proxydatenreihen und Transferfunktionen

Aus den verschiedenen Archiven wurden unterschiedliche Proxies gewonnen, zu deren Verständnis und Interpretierbarkeit Rezentfeldstudien und experimentelle Laborversuche unternommen wurden. Sie dienten der Gewinnung, Kontrolle und Überprüfung von Transferfunktionen und der Kalibrierung der Proxies durch meteorologische Messreihen als Voraussetzung für die Datenassimilation in Modelle sowie der Verifikation der Modelle.

Eiskerne (aus Grönland und der Antarktis)

Grönland

Die Langzeitvariationen der Eiskernzeitreihen der Nordgrönland-Traverse über den Zeitraum der letzten 500-1100 Jahre im ^{18}O-Gehalt zeigen neben einer ausgeprägten interannuellen Variabilität länger andauernde Kaltphasen im 14., 15., 17. und der ersten Hälfte des 19. Jahrhunderts, die der „Kleinen Eiszeit" zugeordnet werden können (Abweichungen bis zu – 0,8‰~1°C). Sie scheinen im Intervall 1610–1850 AD mit dem Langzeittrend der solaren Einstrahlung zu korrelieren (2.1.6). Ein Anstieg der Temperaturen in den letzten 20 Jahren, wie er im globalen Mittel festgestellt wurde, ist in Nordgrönland nicht zu erkennen.

Detaillierte Studien zeigen zugleich, dass die höhere Klimasensivität der Isotopenzeitreihen in Nordgrönland (NGRIP) möglicherweise auf den geringeren zyklonischen Einfluss auf das Niederschlagssignal zurückzuführen ist, das in Zentralgrönland (GRIP) das Nettotemperatursignal überlagert (2.1.6).

Für das Gesamtholozän stehen somit 2 kontinuierliche Datensätze der Isotopentemperatur zur Verfügung, die ein Klimaoptimum zwischen 4000 und 8000 Jahren vor heute und kurzfristige Schwankungen im Verlauf der letzten 1500 Jahre aufzeigen. Das 8.2 ka-Event ist in beiden Reihen deutlich ausgeprägt.

Antarktis

Die Eiskerne der „Dronning Maud Land"-Traverse enthalten isotopische und chemische Datensätze für die letzten 1000–2000 Jahre (2.1) mit temperaturgesteuerter Isotopie und Niederschlagsrate. Besonders ausgeprägt ist eine Kaltphase von ca. 1250-1550 AD. Wärmere Phasen finden sich von 1000-1200 AD, in der zweiten Hälfte des 19. Jahrhunderts. Diese sind in Antikorrelation zu Kälteperioden in Grönland, was mit GCM-Modelluntersuchungen zum Einfluss solarer Aktivität auf das Klima übereinstimmt, die eine solche gegenläufige Reaktion von Nord- und Südpolargebieten zeigen.

Polare Seen

Antarktis

Seen in der Bunger Oase zeigen 4 meist regionale Klimavariationen in den letzten ~10.000 Jahren, wobei die Periode zwischen 9,5 und 7,3 cal.-ka eine wärmere Zeit mit überregionalem Charakter zu markieren scheint.

Sibirische Arktis

In sibirischen Seen wurden die Pollensequenzen (Altersmodell: ^{14}C-Daten) mit verschiedenen Methoden quantifiziert (Transferfunktionen für Juli-Temperaturen und Jahresniederschläge; PFT-, IS- und BMA-Methode).

Generell kann man für diesen Raum sagen, dass es zwischen 10 und 6 ka B. P. um etwa 2-4,5 °C wärmer war als heute mit 2 Maxima am Anfang und Ende dieser Periode. Nach 6 ka variierte die Temperatur um 0–2 °C über den heutigen Werten (2.1.5). Die rekonstruierten Niederschläge sind den heutigen ähnlich mit den Ausnahmen um 10,5 ka mit niedrigeren (~50-75 mm) (trocken) und um 9,7 ka (50-130 mm) mit höheren Werten.

Im Lamasee wurde mit Hilfe einer Transferfunktion an Diatomeen (WA-PLS) die mittlere Juli-Temperatur rekonstruiert. Dabei ergaben sich wärmere Perioden zwischen 8 und 6,5 ka sowie zwischen 4,0 cal.-ka und 2,5 cal.-ka (2.1.5), was mit den Rekonstruktionen aus Pollen im wesentlichen übereinstimmt.

Baumringe

Isotopen-Chronologien (Süddeutschland)

Die Chronologien (subfossile Eichen) liegen für die Zeiträume 8230 BC - 905 AD (δ^{13}C) bzw. 6470 BC - 905 AD (δD) vor. Die δ^{13}C-Chronologie schließt direkt an die bestehenden Chronologien von Tannen aus dem Schwarzwald und an die spätglazial-frühholozäne Kiefernchronologie (9970–7959 BC) an, womit das gesamte Holozän durch δ^{13}C-Chronologien belegt ist.

Nach den Ergebnissen aus den eingehenden und detaillierten Feldstudien und Klimakammerexperimenten (2.1.4) können die δ^{13}C-Werte als Maß für die Wasserverfügbarkeit der Pflanze interpretiert werden, während die δD-

Werte die Variationen der Isotopenkomposition des von der Pflanze aufgenommenen Wassers (in der Regel des Niederschlages) reflektieren. Da die δD-Werte des Niederschlages im wesentlichen von den Kondensationstemperaturen abhängen, geben die δD-Werte der Pflanze Auskunft über die Paläotemperaturen. Zeiten, in denen hohe δD-Werte und hohe $\delta^{13}C$-Werte beobachtet werden, könnten demnach warme, trockene Perioden widerspiegeln und niedrige δD- und $\delta^{13}C$-Werte kalte, feuchte (2.1.4).

Von der Gruppe des Teilprojektes 2.1.8 wurden neben Arbeiten zum intraannuellen Isotopenverlauf sowie den Kalibrierungsstudien Jahrringuntersuchungen an Bäumen von verschiedenen Standorten (Wachholder des tibetischen Hochlandes, Länder der Baikalregion in Ostsibirien) durchgeführt.

Intra-annuelle Isotopenvariationen

Während der Frühholzentwicklung steigt der $\delta^{13}C$-Wert bis zu einem Maximum an und fällt im Spätholz auf ein Minimum. Danach erfolgt, noch im Spätholz, wieder ein Anstieg (2.1.8).

Diese Charakteristik weist auf die Komplexität der Vorgänge und der möglichen Interpretation hin. Der Baum nutzt zum Aufbau des Frühholzes (FH) Reservestoffe des vorhergehenden Jahres, die als Stärke im Sommer gebildet und während der Winterzeit gespeichert werden. Das ist ein wesentlicher Grund, warum in Paläoklimastudien vielfach nur das Spätholz (SH) für Isotopenanalysen genutzt wird.

Obwohl vielfach eine hohe Korrelation zwischen dem $\delta^{13}C$-Wert des SHes und der mittleren Temperatur der Monate Juli und/oder August festzustellen ist, macht die intra-annuelle Kohlenstoffisotopen-Charakteristik deutlich, dass auch das SH durch nicht witterungsbedingte baumspezifische Prozesse beeinflusst wird.

Korrektur der atmosphärischen CO_2-Zunahme und der zugehörigen $\delta^{13}CO_2$-Abnahme in Baumringsequenzen

Der atmosphärische CO_2-Gehalt hat sich aufgrund der Verbreitung fossiler Energieträger, der Landnutzung und vor allem der Rodung weiter Landstriche in den letzten 100 Jahren um mehr als 50% erhöht. Das hat gleichzeitig zu einer starken Abnahme des atmosphärischen $\delta^{13}CO_2$-Wertes geführt, der den Ausgangswert für den $\delta^{13}C$-Wert des organischen Materials darstellt.

Die Kenntnis seiner Veränderung ist für die Kalibrierung mit meteorologischen Daten unerlässlich.

Die Fichten- und Wachholder δ^{13}C-Isotopen zeigen einen stark abfallenden Trend für die letzten 150 Jahre, wobei dieser starke δ^{13}C-Abfall der letzten Dekaden auf der Nord- und Südhemisphäre festgestellt werden kann, also als globales Phänomen zu interpretieren ist und wahrscheinlich auf die anthropogen verursachte CO_2-Emission (fossile Energieträger) zurückzuführen ist. Während der Quellwert $\delta^{13}C_a$ einigermaßen gut zu korrigieren ist, ist der Effekt des zunehmenden CO_2-Partialdruckes auf die photosynthetische Fixierung im Hinblick auf eine stärkere δ^{13}C-Diskriminierung bisher in seiner Auswirkung umstritten.

Die Isotopensignaturen und -chronologien aus Tibet spiegeln im wesentlichen Temperatur- bzw. Niederschlagssignale bzw. relative Luftfeuchte der Monate Juni-August. Ein Vergleich mit den Chronologien der Baikalregion für die letzten 300 Jahre zeigt erhebliche Unterschiede (2.1.8), die möglicherweise auf Unterschiede in den Transferfunktionen hindeuten.

Grundsätzlich deutet sich aber auch eine Phase zwischen 1200-1400 AD mit wärmeren Temperaturen (mittelalterliches Optimum Europas) sowie eine kältere Phase um 1550 AD („Kleine Eiszeit") an, wobei diese Trends auf die Beeinflussung durch den NAO bzw. die AO verweisen.

Seesedimente

Die Chronologie für das Holozän auf Jahresbasis (Warvenchronologie) konnte präzisiert und in Mitteleuropa etabliert werden. Sie basiert auf dem Holzmaarprofil (Eifel), an dem durch mikrostratigraphische Untersuchung und saisonale Auflösung eine hohe Variabilität nachgewiesen werden konnte.

An Seesedimenten wird eine große Anzahl physikalischer, chemischer und biologischer Proxies gewonnen, die aber meist aufgrund der Probennahme 10–30 Jahre umfassen, während Dünnschliffanalysen der Warven annuelle und sogar saisonale Differenzierungen erlauben. Aus dieser Anzahl von Proxies sollen hier nur wenige exemplarisch erwähnt werden.

Die Warvendickenvariationen zeigen folgende interessante Abschnitte: die präborealen und die borealen Kälteschwankungen mit hohen Niederschlägen einschließlich des 8,2 ka-Events und die „Kleine Eiszeit", wobei letztere neben erhöhtem detritischen Warvenanteil vor allem durch die temperaturindizierende Diatomeenart *Aulacoseira subarctica* charakterisiert ist.

Diese Klimavariabilität scheint durch die Nordatlantische Oszillation geprägt zu sein, was sich u. a. durch einen Detailvergleich mit dem 8,2 ka-Event im GRIP-Eiskern ergibt und was in allen europäischen Seeprofilen ähnlich zu sein scheint.

Die saisonale Auflösung eines Zeitfensters von 9–7,4 ka im Vergleich zum GRIP-Eiskern, lässt erkennen, dass Perioden hoher Warvendicken als Folge verbesserter biologischer Produktivität mit Zeiten verringerter δ^{18}O-Werte des Grönlandeises zusammenfallen. Perioden erhöhter δ^{18}O-Werte koinzidieren mit Zunahme des klastischen Eintrags im Winter.

Mit Hilfe der Diatomeen und Anwendung vorhandener Transferfunktionen wurden weitere Klimaphasen z. B. zwischen 6336-1478 Warvenjahren vor heute diskriminiert (Periode I: 6354-5800 Warvenjahre B.P.: ausgesprochen warm, ab 5800 Warvenjahre B.P.: Abkühlungstrend; Periode II: 5287-3654 Warvenjahre B.P.: kühlere Temperaturen aufgrund aller Proxies; Periode III: 3654–1478 Warvenjahre B.P.: instabiler Klimazustand mit eher tieferen Temperaturen und ozeanischer Prägung. Nach 2660 Warvenjahren B.P. starker anthropogener Einfluss, der Klimainterpretation einschränkt).

Die Entwicklung von Transferfunktionen aus Pollen (wie 2.2.2) nach der Methode des Klimaphasenraumes sind noch in Arbeit, während die Arbeiten für die ^{18}O-Isotope aus Diatomeen des Holzmaares durch Neuentwicklung einer Separierungs- und δ^{18}O-Bestimmungsmethode für Diatomeen vor dem Abschluss stehen. Sie werden zusätzliche Argumente für die Klimaentwicklung im Holzmaar liefern (2.1.8).

Die δ^{13}C-Holzmaarprozessstudie (5 Jahre) hat ergeben, dass es einen mittleren Zusammenhang sowohl für die Beziehung Temperatur-Kohlenstoffisotope als auch für die Beziehung pH-Wert-Kohlenstoffisotope gibt (2.1.8). Mit dieser Transferfunktion wird eine Interpretation der Holzmaarsedimente erfolgen.

Zugleich wurden ein neues TOC sowie δ^{13}C-Profil für den Kern Holzmaar 4 vorgelegt, die z. B. das Maunder-Minimum (1675-1710) in Form geringerer Kohlenstoffisotopenverhältnisse (schlechtere Wachstumsverhältnisse) dokumentieren.

Vergleichbare Seesedimentsequenzen aus anderen Klimazonen stellen das Tote Meer, NE-China und Huguang-Maar (Süd-China) dar.

Im Toten Meer können seit 10 cal.-ka verschiedene aride und humide Phasen ausgehalten werden (2.1.7). Das Seespiegelmodell zeigt, dass der Spiegel um –400 m NN geschwankt hat, und zwar mit dekadischen und tausendjährigen Fluktuationen. Der höchste holozäne Seespiegelstand ist mit –370 m NN dokumentiert (Strandlinie), vermutlich um ~4-5 ka. Erste Ergebnisse mit einem BIOM-Modell liegen vor (2.2.2).

In NE-China liegt ein Profil auf Jahresbasis bisher bis ca. 1000 Jahre vor heute vor. Die Pollenassoziation, mit einer Transferfunktion ausgewertet, zeichnet z. B. die „Kleine Eiszeit" <u>nicht nach</u>, was an der zu geringen Sensitivität z. B. der Baumvegetation liegen könnte.

Korallen

Rotes Meer

Die Teilprojekte 2.2.3 und 2.2.4 unterstreichen unter Einbeziehung zahlreicher umfangreicher instrumenteller Klima-Datensätze (Luftdruck, Wassertemperatur, Wind) die globalen und regionalen Steuerungsmechanismen des δ^{18}O-Signals in rezenten Korallen des nördlichen Roten Meeres im Detail. Eine vorliegende δ^{18}O-Korallenchronologie mit saisonaler Auflösung für den Zeitraum 1750–1995 AD diente als Grundlage und zeigt, dass die Klimavariabilität des nördlichen Roten Meeres/Nahen Ostens während der letzten 250 Jahre atmosphärische Telekonnektionen in Zusammenhang mit der Nordatlantischen Oszillation (NAO), der El Niño–südlichen Oszillation (ENSO) sowie der Klimavariabilität des Nordpazifiks widerspiegelt. Darauf basierend wurde im KIHZ-Projekt gezeigt, dass die Variabilität während des Winters insbesondere durch die sog. Arktische Oszillation (AO) gesteuert wird.

8 Zeitfenster für das mittlere Holozän (2.2.3) zeigen im nördlichen Roten Meer zwischen etwa 6000 und 4500 Kalenderjahren B.P. eine erhöhte Saisonalität im δ^{18}O-Signal der Korallen im Vergleich zu heute unter Berücksichtigung einer Wachstumrateneffekt-Korrektur (höchste Saisonalität im Zeitfenster 4410 vor heute). Sr/Ca-Messungen verweisen auf Änderungen des regionalen Niederschlags- und Verdunstungsregimes in dieser Zeit, und darauf, dass die Saisonalität der Oberflächenwassertemperaturen im nördlichen Roten Meer zu dieser Zeit ähnlich wie heute war (5,5°C).

Indik (und Südpazifik)

Korallenchronologien (δ^{18}O, δ^{13}C) sowie Sr/Ca-Ratios für Zeitintervalle der letzten 338 Jahre sind die Datenbasis.

Neben der Gewinnung interdekadischer (16 Jahre) und interannueller Variabilität (2; 3,9 Jahre) in speziellen Zeitfenstern konnte gezeigt werden, dass eine Abkühlung um ca. 0,3–0,5 °C (relativ zu heute) in den Jahresmittel-SST in der Koralle im späten Maunder-Minimum (1675–1710) mit einer besonders kühlen Phase zwischen 1690–1700 in Übereinstimmung mit anderen Korallenzeitreihen und Modellierungsergebnissen steht.

Damit deutet sich an, dass die „Kleine Eiszeit" und das Maunder-Minimum nicht auf den europäischen Raum beschränkt blieb, sondern ein globales Abkühlungsereignis war.

Die Korallendaten geben erweiterte Erkenntnisse über die Wechselwirkung von Pazifik und Indik auf interannuellen (ENSO) und interdekadischen Perioden, die zu einem verbesserten Prozessverständnis beitragen werden. So konnten großskalige Änderungen in der globalen Atmosphärenzirkulation und in den Meeresoberflächentemperaturen auch für frühere, anthropogen unbeeinflusste Zeiträume nachgewiesen werden.

Westlicher tropischer Pazifik

Für die Philippinen liegen Korallen-δ^{18}O-Zeitreihen in zweimonatlicher Auflösung für ein diskontinuierliches Zeitfenster von 10 Jahren aus dem frühen Holozän (7556 Kalenderjahre vor heute) und für zwei kontinuierliche Zeitfenster von jeweils 10 Jahren aus dem frühen bis mittleren Holozän (6735 bzw. 5256 Kalenderjahre vor heute) vor. Diese stellen für diesen Zeitraum erste paläoklimatische Rekonstruktionen in saisonaler Auflösung am Nordrand des *Western Pacific Warm Pool* dar. An rezenten Korallen konnten δ^{18}O-Zeitreihen für kontinuierliche Zeitfenster von 15, 7 und 3 Jahren erstellt werden.

Sedimente

Marine Sedimente Übergang Skagerrak – Ostsee

Aus den zahlreichen Einzelergebnissen dieses Teilprojektes 2.7 werden die Ergebnisse zu den Temperaturprofilen für das Holozän (12.000 Jahre vor und bis heute) zitiert, die mit Hilfe von Altkernen gewonnen wurden. Dabei sind die Ergebnisse der verschiedenen Zeitfenster interessant.

Kern 225517 umfasst das gesamte Holozän und gibt die Temperaturspanne der SST mit 3,5°C an – mit dem Optimum um 5000 J.v.h.

<u>Kern 221514</u> erfasst das Zeitfenster vom Beginn des holozänen Optimums bis heute mit einer T-Spanne von 2,8°C und markanten Klimaoptima und -pessima (Römisches Klimaoptimum, Mittelalterliche Wärmeperiode, 3 Kaltphasen: Spörer-, Maunder- und Dalton-Minimum).

<u>Kern 225521</u> stammt aus dem Kattegatt und dokumentiert den Klimaverlauf der letzten ~1600 Jahre mit einer T-Spanne von 1°C und den aus Eiskernen und Seesedimenten beschriebenen Klimaschwankungen.

<u>Kern 225510</u> dokumentiert die Klimaschwankungen anhand der rekonstruierten Alkenon-SST mit einer T-Spanne von 0,7°C und der hohen Klimavariabilität, so u. a. der Kleinen Eiszeit (Maunder-Minimum) und des Dalton-Minimums.

Resultate und zukünftige Ziele

1. Das Projekt hat für die Archivgruppen und für die Modellgruppen jeweils untereinander zu einer hohen Synergie geführt. Erstmalig ist eine kreative Diskussion der bisher getrennt arbeitenden Gruppen weltweit in Gang gekommen, so dass Eiskernresultate mit Korallendaten oder Warvenprofilen zeitlich korreliert und in ihrer Aussagekraft gemeinsam diskutiert werden. Das gleiche gilt für die verschiedenen Modelle unterschiedlicher Komplexität und ihrer Resultate.

2. Wissenschaftlich hat sich ergeben, dass für die Validierung der Modelle nicht nur die von der Kerngruppe avisierten Proxydatenreihen ausreichen, sondern alle global verfügbaren Reihen involviert werden müssen (Ringgruppe und externe Reihen). Das führte zu einer Erweiterung der Datenerhebung und zur komplexen Strukturierung des Datenmanagement. Hierbei zeigte sich die nationale Dimension von KIHZ als Nachteil, da eine Bereitstellung der Datensätze gerade hochaufgelöster Jahresreihen ausländischer Arbeitsgruppen, soweit nicht in einem World-Date-Center abgelegt, überwiegend nicht gegeben war und nicht erreicht werden konnte.

3. Die kooperierenden Wissenschaftlergruppen waren und sind der Ansicht, dass ihr Know-how und ihre Kompetenz nach 2003 in Form einer Netzwerkstruktur bzw. in Form eines internationalen Programms konzentriert und fortgesetzt werden sollte, da diese Aufgabe von internationaler Tragweite und großforschungsspezifisch (HGF-Zentren der Kerngruppe, Ringgruppe Universitäten; Gewinnung und Vorhaltung von Archivdaten und Modellen) ist. Sie wird wesentliche Grundlagen zur Entwicklung einer

tragfähigen Hypothese und Theorie des Global Climatic Change anhand des letzten glazialen Zyklus liefern.

4. Als Ergebnis von KIHZ haben sich bisher folgende Schlüsselfunktionen und Knotenpunkte ergeben:

– Vorhaltung globaler und regionaler Modelle unterschiedlicher Komplexität

– Archivierung und Korrelation weltweiter Proxydaten der jeweiligen einzelnen und aller Archive und notwendige neue global flächendeckende Generierung solcher Proxydaten:

   a) Bäume, Seesedimente, Eisreiche Permafrostabfolgen, Korallen, Eiskerne, marine Kerne

   b) Historische Daten (Neuaufbau), Speleotheme (Neuaufbau)

– Prozessstudien zum Verständnis der Proxydaten, Kalibrierung von Proxydaten anhand verfügbarer instrumenteller Daten der letzten 100-150 Jahre, Entwicklung von Transferfunktionen.

Die Archivierung der Daten und ihre zeitliche Korrelation (Jahres- bis Dekadenbasis) innerhalb eines der unter a) genannten Archive hat sich als eine neue, notwendige wissenschaftliche Herausforderung im Projekt ergeben. Dies ist eine sehr komplexe wissenschaftliche Herausforderung über alle Kontinente hinweg, die nur in breiter internationaler Kooperation zu meistern ist, wie sie derzeit im ESF Projekt HOLIVAR (Holocene Climate Variability) infrastrukturell unterstützt wird.

„Natürliche Klimavariabilität seit der nordischen Vereisung"

Zeitlicher Schwerpunkt: 300.000 – heute

Präambel

„Natürliche Klimavariabilität seit der nordischen Vereisung" stellt eine nationale Initiative zur Erarbeitung eines neuartigen Konzeptes dar, das weitreichende weiterführende Untersuchungen zur Entwicklung, Dynamik und Vorhersage des globalen Klimasystems erlauben sollte.

Ziele und Visionen – Integrierte Klimasystemanalyse

Durch eine systematische Verbindung von paläoklimatologischer Analytik und realitätsnaher Modellierung wird die raum-zeitliche Abfolge der Klimazustände der letzten Warm/Kaltzyklen mit einer zeitlichen Auflösung

134

von wenigen 1000 km rekonstruiert. Dieser Datensatz erlaubt die detaillierte Prüfung von Hypothesen der Klimadynamik, Ableitungen von erdgeschichtlichen Entwicklungen und Aussagen über die Vorhersagbarkeit des Klimasystems sowie abrupter Klimaänderungen auf Zeitskalen von Hunderten von Jahren. Damit werden Aussagen erarbeitet zur natürlichen Klimavariabilität allgemein, der Klimavariabilität in Kalt- und in Warmzeiten sowie der Klimavariabilität synchron in den Ozeanen und auf den Kontinenten. Die Zeitfenster beziehen sich auf 150.000 und 300.000 Jahre innerhalb der letzten ca. 800.000 Jahre. Der Gewinnung der Proxies aus den Archiven müssen eingehende Studien zur Entwicklung von Prozessmodellen basierend auf Rezentstudien hinzugefügt werden. Die Weiterentwicklung der Modelle ist ein weiteres wesentliches Kriterium. Die Kopplung von Proxies über Modelle ist im internationalen Vergleich in dieser Größenordnung einzigartig, wobei die Modelle durch Proxies angetrieben werden. Die Untersuchungen dienen der Risikoabschätzung zukünftiger klimatischer Entwicklungen.

Hochwasser – eine weltweit zunehmende Bedrohung

Erich J. Plate

Die Münchner Rückversicherungsgesellschaft stellt regelmäßig Statistiken auf (z.B. Munich Re, 2001), die zeigen, dass die großen Wetter- und Überschwemmungskatastrophen der letzten Jahrzehnte exponenziell zugenommen haben. Insbesondere in den Entwicklungsländern muss damit gerechnet werden, dass sich die Umweltkatastrophen noch stärker mehren werden. Dies gilt sowohl für die Industrieländer als auch für Entwicklungsländer. Während jedoch in den westlichen Ländern die zunehmenden Hauptschäden bei extremen Hochwassern materieller Art sind, sind in vielen Entwicklungsländern bei extremen Überschwemmungen nicht nur Sachschäden, sondern auch Menschenleben in hohem Maße zu beklagen. Besonders gefährdet sind die Menschen an den Unterläufen der großen Flüsse in tropischen oder subtropischen Gebieten: in Südasien im Ganges/Brahmaputra Delta in Bangladesh, im Delta des Mekong in Vietnam und Kambodscha, in Ostasien am Unterlauf von Gelben Fluss und Yangtse in China, oder in Ostafrika am Unterlauf des Limpopo oder des Sambesi.

Die Ursachen für die Zunahme größerer Hochwasserereignisse sind beim Menschen zu suchen. Versiegelung der Landschaft durch Verstädterung und Bodenverdichtungen, Abholzung der Wälder und ähnliche Veränderungen der Umwelt gehören sicherlich zu den Ursachen. Das ist nicht nur eine Erfahrung an den europäischen Flüssen. Die Chinesen führen einen nie aufhörenden Kampf mit ihren großen Flüssen: am Yangtse oder am Huangho werden die Deiche nach jedem größeren Hochwasser aufgehöht. Unter unbeeinflussten Bedingungen hätten die starken Geschiebemengen zu einer ständigen Verlagerung des Flusslaufes geführt. Die Eindeichungen verhindern dies, führen aber zu Sohlaufhöhungen, die es erforderlich machen, die Deiche ständig zu erhöhen.

Eine Katastrophe entsteht jedoch nicht nur durch das Auftreten eines extremen Ereignisses, sondern es muss auch auf eine anfällige (vulnerable)

136

Bevölkerung treffen. Die Zunahme der Hochwasserkatastrophen ist, mehr noch als auf die Zunahme extremer Hochwasser vor allem auf die Zunahme der Vulnerabilität zurückzuführen. Zahlreiche Faktoren tragen dazu bei, dass insbesondere in Entwicklungsländern die Gefährdung durch Hochwasser zunimmt. Immer mehr Menschen siedeln in hochwassergefährdeten Gebieten. Aber auch die Vulnerabilität der einzelnen Menschen nimmt zu. Sie erhöht sich in erster Linie durch den Bevölkerungsdruck auf die Landschaft. Er ist bedingt durch die rasch anwachsende Weltbevölkerung, aber auch durch eine Verminderung der Bodenqualität in ländlichen Gebieten. Sie entsteht durch Abholzen der Wälder, Übernutzung des Bodens – z.B. wegen der Notwendigkeit, den Export oder die Bedürfnisse nahe gelegener Großstädte durch den Anbau von Monokulturen zu befriedigen. Die Übernutzung der Landschaft wiederum wirkt sich aus auf die Städte, sie führt zur Migration von Teilen der Bevölkerung aus den verarmten landwirtschaftlich nicht mehr ertragreich nutzbaren Gebieten in die Städte – vor allem in die rapide wachsenden Megastädte der Dritten Welt, wo die Neuankömmlinge oft in Gebieten siedeln müssen, die gerade deswegen nicht früher besiedelt worden sind, weil sie besonders, z.B. durch Überschwemmungen oder Hangrutschungen, gefährdet sind.

Auch der Zustand der Gesellschaft, der durch das gesellschaftliche System bedingt ist, beeinflusst die Vulnerabilität. Hierunter muss nicht nur das politische System verstanden werden, sondern auch das unabhängig vom politischen System herrschende Sozialgefüge: Klasseneinteilung, Benachteiligung von Frauen und Kindern und andere solcher, erst in den letzten Jahrzehnten erkannten und soziologisch untersuchten Faktoren. (Blaikie et al., 1994).

Um zu effektiven Schutzmaßnahmen zu kommen, ist es geboten, einen an der Vulnerabilität der betroffenen Menschen orientierten Katastrophenbegriff zu schaffen – im Gegensatz zu einer alleinigen Ausrichtung am Schaden. Heute definiert man daher eine Katastrophe als ein Ereignis, bei dem die betroffenen Menschen so in ihren Handlungsmöglichkeiten geschädigt sind, dass sie sich mit den eigenen Kräften – seien sie körperlicher, gesellschaftlicher oder wirtschaftlicher Art – nicht in den Zustand vor dem Extremereignis zurückversetzen können: sie sind auf Hilfe von Außen angewiesen (Münchner Rück, 2001; Plate, 2003). Aus diesem Katastrophenbegriff wird deutlich, dass für die Bewältigung einer Hochwasserkatastrophe grundsätzlich drei Faktoren zusammenzusehen sind, die von einigen Autoren im Begriff der Vulnerabilität zusammengefasst werden (Blaikie et al., 1994): einerseits die Gefährdung (engl.: hazard), ausgedrückt durch die

Stärke des auslösenden Ereignisses, in unserem Falle des Hochwassers, dann die Verletzlichkeit der Menschen gegen das Ereignis (engl.: exposure), und schliesslich die Kraft der Menschen, die Folgen eines Extremereignisses überwinden zu können (engl.: coping capacity). Um diese Definition des Katastrophenbegriffs quantitativ verwerten zu können, wird die Einführung von geeigneten Indikatoren vorgeschlagen, die zu quantitativen Indices zusammengefügt werden können (Plate, 2003). Es wird angenommen, dass:

— die Regenerierungskraft der Betroffenen durch einen numerischen Index beschrieben werden kann. Dies ist der Widerstand, dargestellt durch das Symbol V_{crit}.

— ein Index existiert, mit der gleichen Dimension wie der Widerstand, der die Verletzlichkeit (Belastung) beschreibt, der die Betroffenen durch allgemeine Lebensumstände und durch das Extremereignis ausgesetzt sind. Dies ist der Index der Vulnerabilität im engeren Sinne, dargestellt durch das Symbol V. Er besteht aus dem Index der normalen Belastung V_s und dem Index Ri aus der Belastung durch das Risiko infolge von Extremereignissen, in unserem Fall durch das Hochwasser, d.h. $V = V_s + Ri$.

Folglich tritt eine Katastrophe ein, wenn die Vulnerabilität den Widerstand übertrifft, d.h. wenn $V > V_{crit}$ wird.

Der Katastrophenfall kann auf zwei grundsätzlich verschiedenen Wegen eintreten: erstens selbst für $Ri = 0$ wenn $V_s > V_{crit}$ wird, und zweitens, wenn $V_s + Ri > V_{crit}$ wird. Der erste Zustand tritt z.B. ein, wenn sich die Lebensumstände verschlechtern, d.h. wenn V_{crit} abnimmt (auch der Zunahmefall ist natürlich denkbar), oder dadurch, dass die normale Vulnerabilität V_s zunimmt, weil der Aufwand für den Unterhalt zunimmt, so dass der Abstand zwischen V_s und V_{crit} mit der Zeit immer kleiner wird. Tritt dann zu einer Zeit T_{scs} der Zustand $V > V_{crit}$ ein, sind die Menschen nicht mehr in der Lage, sich selbst helfen zu können. Diese Situation wird als „schleichende Katastrophe" bezeichnet: typisch hierfür sind die oben genannten Umweltschädigungen, die die Menschen dazu bringen, ihr Heim aufzugeben und an anderen Orten nach besseren Chancen zu suchen, oder aber die zu einer graduellen Zerstörung der Lebensbasis führen und z.B. zu Hungerkatastrophen.

Der zweite Zustand tritt ein, wenn die Vulnerabilität V durch die Erwartung von Extremereignissen soweit ansteigt, dass die Grenzbedingung $V_s + Ri > V_{crit}$ überschritten wird. Und hier zeigt sich die Bedeutung von V_s und V_{crit} als zusätzliche Elemente der Betrachtung der Katastrophenanfälligkeit. Eine Person oder eine Bevölkerungsgruppe mit hohem Widerstand V_{crit} wird bei gleicher Grundvulnerabilität V_s und bei gleichem Ri_r weit weniger durch ein Extremereignis in seiner Existenz bedroht als eine Person oder Bevölkerungsgruppe mit geringerem Widerstand V_{crit}.

Hieraus leiten sich die Lösungen für die Verminderungen von Katastrophenpotentialen ab. Wir können den Widerstand V_{crit} erhöhen, in dem wir die dem Einzelnen verfügbaren Ressourcen erhöhen, z.B. die Einkommen von Bevölkerungsgruppen mit geringer Sicherheit V_{crit} - V_s erhöhen, etwa durch gezielte Bekämpfung von Armut. Wir können auch die gewöhnliche Vulnerabilität V_s vermindern, in dem wir die Lebenshaltungskosten senken, insbesondere in Notzeiten. Dies sind langfristig zu planende Maßnahmen, die sicherlich in besonderem Maße Ziel einer Entwicklungshilfepolitik sein müssen. Als dritte Möglichkeit kann man das gegen extreme Naturereignisse bestehende Risiko Ri reduzieren, durch technische oder nicht-technische Maßnahmen.

Um das Konzept auf Entscheidungen anwenden zu können, müssen die Größen V, V_{crit} und Ri in Zahlen ausgedrückt werden. Mit der Ermittlung eines Index, mit dem die Größen V_s und V_{crit} aussagekräftig definiert und zu quantifiziert werden können beschäftigen sich heute viele Forscher. Für den Aufgabenbereich der Ingenieure ist es in der Regel sinnvoll, von einem Index auszugehen, der in Kosteneinheiten ausgedrückt werden kann. Damit wird der Risiko- zum Schadenserwartungswert, der in eine Kosten-Nutzen-Analyse integriert werden kann. Das Aufgabe der Planung ist es dann, unter der Annahme einer vorhandenen positiven Spannweite V_{crit} - V_s, das Risiko durch kurzfristig wirkende Maßnahmen zu minimieren.

Die Beherrschung des Hochwasserrisikos ist die zentrale Aufgabe des Wasserbauers in einem modernen Hochwasserschutz. Es ist heute nicht mehr zulässig, die Beherrschung des Hochwasserrisikos als eine rein technische Aufgabe zu sehen. Die Planung des Hochwasserschutzes durch technische Maßnahmen ist nur ein Teil des Risikomanagements, das einen ganzen Komplex von Maßnahmen umfasst. Das Risikomanagement ist eine Kreislaufaufgabe, die es nach jedem größeren Hochwasser und in jeder Generation neu zu lösen gilt. Es muss ein optimales Schutzsystem geplant und gebaut werden, aber es muss auch dieses Schutzsystem optimal betrieben und gewartet werden, um für den Ernstfall vorbereitet zu sein. Hieraus folgt, dass Hochwassermanagement aus zwei sich abwechselnden Teilen besteht: Planung und Betrieb. Nach jedem Hochwasserereignis, z.B. nach einer Hochwasserkatastrophe, bei der große Schäden aufgetreten sind, stellt sich erneut die Frage, ob die vorhandenen Schutzmaßnahmen den Ansprüchen an die Sicherheit noch genügen. Die Methode hierfür ist die Risikoanalyse.

Eine Risikoanalyse geht von der (stark vereinfachten, Plate, 2002) Risikogleichung aus: $Ri = Ex \cdot K \cdot P$

Hierin ist Ex die Exposition, K der Maximalschaden, der auftreten könnte, und P die Wahrscheinlichkeit für das Auftreten des Schadens $Ex \cdot K$.

Die Risikogleichung enthält den Hinweis auf die Faktoren, die zur Lösung des Hochwasserschutzproblems bearbeitet werden müssen. Zunächst ist offensichtlich, dass Ri etwas über den Schaden aussagt, der beim gegenwärtigen Zustand im Mittel zu erwarten ist. Liegt dieser Wert über dem, den wir langfristig bewältigen wollen, so muss etwas unternommen werden, z.B. durch technische oder nicht-technische Schutzmaßnahmen. Diese reduzieren die Wahrscheinlichkeit P. Weiterhin können wir K herabsetzen: durch Reduktion der Werte oder, da das Gesamtrisiko aus der Summe der Einzelrisiken für jede Person und jedes Gebäude besteht, auch durch Herabsetzung der Anzahl gefährdeter Objekte im durch Hochwasser gefährdeten Gebiet. Schliesslich können wir auch die Exposition Ex herabsetzen, in dem wir z.B. besonders durch Wasser gefährdete Gegenstände auf ein Niveau über dem maximal denkbaren Hochwasserstand verlagern. Allerdings bleibt immer ein Restrisiko, da wir P nicht auf 0 herabdrücken können: es ist immer ein noch höheres Hochwasser möglich, das bei der Planung (z. B. bei einer Kosten-Nutzen-Rechnung), vor allem aber beim Betrieb berücksichtigt werden muss.

Es wird heute im Hochwasserschutz angestrebt, nicht von vornherein auf technische Lösungen des Hochwasserschutzes abzuzielen, sondern neben Maßnahmen wie Erstellung von Deichen und Rückhaltebecken, – neuerdings auch Rückverlegung von Deichen, und Wiederbeachtung des alten Konzeptes der Sicherheit durch die Kombination von Winter- und Sommerdeichen – auch nicht-technische Maßnahmen in Betracht zu ziehen. Die Berücksichtigung ökologischer Gesichtspunkte zwingt zur Untersuchung auch von Alternativen, die einen Kompromiss darstellen zwischen den Belangen des Umweltschutzes und den Notwendigkeiten des Hochwasserschutzes. Hier ist die Kunst des Ingenieurs gefragt, dem es gelingen muss, aus einer Kombination von bewährten technischen Maßnahmen und naturnaher Veränderungen ein ansprechendes und optimales Schutzkonzept zu entwerfen und über eine Risikoanalyse mit konventionellen Schutzkonzepten vergleichbar zu machen.

Heute wird gefordert, dass neben dem Hochwasserschutz auch eingeplant wird, mit dem Restrisiko umzugehen. Hier geht die Planung über in die Vorsorge. Das bedeutet, dass man gerüstet sein soll für den Fall, dass das vorhandene Schutzsystem versagt oder nicht ausreicht. Katastrophenpläne gehören ebenso zur Vorsorge wie die gute Wartung vorhandener Schutzanlagen und Aufbau und Betrieb eines Warnsystems. Wir sehen Hochwasserschutz als einen Kreislauf von Hochwasserereignis und Nachsorge zur Vorsorge, bei dem sich Planung von Hochwasserschutz und Betrieb des Hochwasserschutzsystems abwechseln. Die modernen technischen Möglichkeiten einer Vorhersage sollten voll genutzt werden, wobei zu bedenken ist, dass eine Hochwasservorhersage der geringere Teil eines Hochwasserwarnsystems ist: die Weitergabe der Vorhersage an verantwortliche Stellen zur Anfertigung einer Warnung ist ein weiterer wesentlicher Teil. Noch wichtiger ist, dass die Warnung die Bevölkerung erreicht und genügend genau ist, um nicht durch falschen Alarm Vertrauen in zukünftige Warnungen zu zerstören. Und schliesslich muss die Warnung früh genug erfolgen, dass entsprechende Vorbeugemaßnahmen getroffen werden können.

Der Kreislauf von Planung zu Betrieb und wieder zur Planung muss von jeder Generation von neuem überprüft werden, da sich Anforderungen von Generation zu Generation ändern – aber auch die technischen Verfahren und die administrativen Möglichkeiten. Jede Generation wird mit neuen Vorstellungen, die sich aus dem Wertesystem der Gesellschaft entwickelt haben, an die zu lösenden Aufgaben herangehen, und sich dabei der zu ihrer Zeit vorhandenen technischen und wirtschaftlichen Möglichkeiten bedienen. In jedem Land bildet sich im Laufe der Zeit aus historischen Erkenntnissen und aus nationalen und religiösen Wertvorstellungen ein eigenes Konzept vom notwendigen Hochwasserschutz.

Heute sind wir geneigt, nach dem Prinzip „Mit dem Fluss leben" – nicht den Fluss bekämpfen – als Entwicklungsprinzip zu planen. Dieses Prinzip wird in erster Linie ökologisch verstanden. Es ist jedoch die Nutzung eines Flusses heute überall in der Welt eine Mehrzweckaufgabe, bei der sich ökologische Fragen, Umweltschutz, Hochwasserschutz, Schifffahrt, Energiegewinnung, Vorfluteraufgaben ergänzen oder miteinander in Konflikt stehen – eine Optimierungsaufgabe, die es zu lösen gilt. Allerdings unter Berücksichtigung vieler Randbedingungen. Es kann diese Optimierungsaufgabe aber nicht als eine alleinige Aufgabe eines wasserwirtschaftlichen Planungsteams gesehen werden. Vielmehr ist es notwendig, dass hierzu eine enge Zusammenarbeit aller Fachbehörden miteinander und mit der Bevölkerung entsteht.

Literatur

Blaikie, P.T. / Cannon, T. / Davis, O. / Wisner, B. [1994]. At risk: Natural hazards, people's vulnerability, and disasters. Routledge, London

Munich Re [2001]. Topics, Münchner Rückversicherungs Gesellschaft, Königinstr. 107, 80802 München (wird für jedes Jahr neu zusammengestellt)

Plate, E.J. [2002]. Flood risk and flood management. Journal of Hydrology, 267, S.2-11

Plate, E.J. [2003]. Towards development of a human security index, OSIRIS Workshop, Berlin. März 2003.

Der nördliche Seeweg

Joachim Schwarz

Vorbemerkungen

Der Nördliche Seeweg (NSR) als kürzeste Verbindung zwischen Europa und Fernost ist nach seiner Freigabe für die internationale Schifffahrt durch Gorbatschow im Jahre 1988 verstärkt ins Blickfeld der am Seetransport in dieser Region beteiligten Nationen gerückt. Der Nördliche Seeweg, das ist die Strecke zwischen dem Kara Tor im Westen und der Beringstraße im Osten, besitzt seine wirtschaftliche und politische Bedeutung

- als Transitstrecke zwischen Europa und Ostasien
- für den Abtransport von Öl und Gas aus dem Nord-Westen Russlands nach Europa
- zur Erschließung Sibiriens über die zum Nördlichen Seeweg mündenden Flüsse Ob, Yenisey und Lena und
- für die Verbesserung der Infrastruktur entlang der Küste Sibiriens.

Bisher wurden hauptsächlich technische Möglichkeiten für eine wirtschaftliche Nutzung des Nördlichen Seeweges in Betracht gezogen, heute sollte auch die Abnahme der Eisdicke als Folge der Klimaveränderungen bei den zukünftigen Planungen der Entwicklung einer kommerziellen Schifffahrt in diesem Gebiet berücksichtigt werden.

INSROP-Projekt

Anfang der 90er Jahre haben sich neben Ländern wie Kanada und den USA besonders Norwegen, Japan und natürlich Russland mit der Entwicklung des Nördlichen Seeweges entwicklungstechnisch befasst und von 1993 bis 1999 das Entwicklungsprogramm INSROP (International Northern Searoute Programme) durchgeführt. Im Zuge dieses Projektes wurden 167 Beiträge zu folgenden Themenbereichen erarbeitet und veröffentlicht:

- Eisverhältnisse und andere Naturbedingungen in der Arktis
- Auswirkungen der Öffnung des Nördlichen Seeweges auf die Umwelt
- Handel und kommerzielle Aspekte
- Politische und rechtliche Aspekte

HSVA-Studie

Um die technische Machbarkeit und die wirtschaftliche Bedeutung des Nördlichen Seeweges für die deutschen Interessen beurteilen zu können, erteilte das Bundesministerium für Verkehr 1992 der Hamburgischen Schiffbau-Versuchsanstalt (HSVA) den Auftrag, hierüber eine Studie anzufertigen. Nach einer Darstellung der Eis- und Umweltverhältnisse auf dem Nördlichen Seeweg wird in der Studie kurz die Entwicklung der Schifffahrt im Norden Sibiriens wiedergegeben. Von der russischen Eisbrecherflotte mit insgesamt 22 See-Eisbrechern sind die fünf atomangetriebenen 56 MW starken Eisbrecher besonders geeignet, den eisgehenden Handelsschiffen auf dem Nördlichen Seeweg zu assistieren.

Da 60% des russischen Exports über den Norden Russlands abgewickelt werden, hat bereits jetzt die Schifffahrt im Norden eine besondere Bedeutung für die russische Wirtschaft. Dieser Prozentsatz wird in wenigen Jahren noch steigen, wenn die westlichen Ölgesellschaften ihre Pläne verwirklichen, in der Pechora- und Kara-See, sowie auf der Yamal-Halbinsel Öl und Gas zu fördern und mit eisbrechenden Tankern nach Westeuropa abzutransportieren. Die Transitfrachtmenge von Europa nach Ostasien ist z.Zt. immer noch gering, dagegen hat die Bedienung der an den Flüssen gelegenen Industrie eine wirtschaftliche Bedeutung.

Die langjährigen Erfahrungen der Murmansk Shipping Company (MSCO) haben bewiesen, dass die Schifffahrt dank der starken russischen Eisbrecher auf dem Nördlichen Seeweg auch ganzjährig technisch bereits heute möglich ist.

Die Wirtschaftlichkeitsanalyse wurde für drei Schiffstypen nach der RFR-Methode (RFR = Required Freight Rate) durchgeführt und mit den RFR-Werten von der Suezkanal-Route verglichen. Die hierbei angenommenen über das Jahr unterschiedlichen Reisezeiten (Geschwindigkeiten) wurden von den Erfahrungen der Murmansk Shipping Company abgeleitet. Die

RFR-Wert-Ermittlungen für verschiedene Varianten ergaben, dass der Seetransport von z.B. Hamburg nach Yokohama über den Nördlichen Seeweg in den Sommermonaten (Juli bis Dezember) bereits heute wirtschaftlich ist. Ein ganzjähriger Verkehr ist erst dann wirtschaftlich, wenn das Verkehrssystem in bestimmten Teilen durch Forschung und Entwicklung verbessert wird. Dann allerdings kann mit einem 1500 TEU-Containerschiff, begleitet von einem der 56 MW starken Eisbrecher, ein jährlicher Gewinn gegenüber der Fahrt durch den Suezkanal von rd. 2 Mill. Euro erzielt werden.

Abschließend ist in der Studie ein Entwicklungskonzept zur Verbesserung der Wirtschaftlichkeit des Seetransportsystems dargelegt, das in drei Phasen aufgegliedert ist mit einer Projektdefinitionsphase (einschließlich der Teilnahme an einer der Konvoi-Transitfahrten der Murmansk Shipping Company), einer Forschungs- und Entwicklungsphase und einer Realisierungsphase.

Um die Akzeptanz des Nördlichen Seeweges bei westlichen Reedern zu fördern, wird ein Pilot-Projekt vorgeschlagen, bei dem angeführt von der Murmansk Shipping Company mit deren vorhandenen eisbrechenden Frachtschiffen und Atomeisbrechern mindestens für 1 Jahr ein Liniendienst eingerichtet wird, in dessen Verlauf das Transportsystem auch wissenschaftlich begleitet und weiterentwickelt wird.

EU-Project ARCDEV

Die Ergebnisse dieser für das Bundesverkehrsministerium erarbeiteten HSVA-Studie wurden 1995 auch beim Transportministerium der EU in Brüssel vorgetragen und führten zu dem in den Jahren 1998 bis 2000 durchgeführten EU-Projekt ARCDEV – Arctic Demonstration and Exploration Voyage. Im ARCDEV-Projekt wurde Gaskondensat aus dem Mündungsbereich des Ob mit dem eisbrechenden Tanker UIKKO nach Rotterdam transportiert und dabei das Transportsystem technisch und wirtschaftlich evaluiert.

In schwierigen Eisverhältnissen wurde der Tanker durch den 56 MW starken Atomeisbrecher „Rossia" unterstützt. Die etwa 70 Wissenschaftler und Ingenieure aus 7 europäischen Ländern, hauptsächlich aus Russland, Finnland und Deutschland (13) waren auf dem Eisbrecher „Kapitan Dranitsyn" untergebracht. Während der Forschungsreise wurden Untersuchungen in 15 Bereichen des Transportsystems durchgeführt, wie z.B. zur Navigation und Operation der Schiffe im Eis, die Beladung des Tankers, über Umweltschutzaspekte und natürlich über Eisverhältnisse und Eisvorhersagen.

Insgesamt war die Expedition erfolgreich. Dennoch konnte eine Reihe von Problemen aufgedeckt werden, in denen durch Forschung und Entwicklung speziell die Wirtschaftlichkeit noch deutlich verbessert werden kann. Diese Empfehlungen für Forschungsaufgaben decken sich weitgehend mit den bereits im HSVA-Bericht von 1994 vorgeschlagenen Plänen.

MATRA-Projekt

Als Reaktion auf die Empfehlungen des ARCDEV-Projektes und in Kenntnis der HSVA-Studie von 1994 wurde die Hamburgische Schiffbauversuchsanstalt vom Bundesministerium für Bildung und Forschung gebeten, ein Konzept zur Entwicklung eines Marinen Transportsystems für die Arktis (MATRA) aufzustellen. Hierfür wurden kompetente deutsche Partner (18) gewonnen, nämlich Forschungseinrichtungen, Ingenieurfirmen, Werften, Reedereien und Ölfirmen aus Deutschland und Russland. Das MATRA-Projekt bestand aus folgenden sechs Teil-Projekten: Eisbrechende Schiffe, Ladeterminal, Umweltschutztechnik, Eiskräfte, Navigation im Eis und Routenoptimierung, von denen vom BMBF bisher nur eins (Eiskräfte) gefördert wird.

Ausblick

Die in den letzten Jahren deutlich stärker als erwartet eingetretene Abnahme der Eisdicken in der Arktis wird die internationale Gemeinschaft veranlassen, diese Entwicklung für die Schifffahrt zu nutzen und verstärkt an der Entwicklung eines wirtschaftlichen Transportsystems zu arbeiten. Unter Federführung der Arbeitsgruppe „Polartechnik" der Gesellschaft für Maritime Technik e.V. wird sich auch die deutsche maritime Forschung und Industrie weiterhin intensiv mit diesem Thema befassen und die notwendigen Forschungsarbeiten auf den Weg bringen. Dies soll einerseits im Rahmen des zwischen Deutschland und Russland bestehenden Abkommens über Wissenschaftlich-Technische Zusammenarbeit (WTZ) aber auch über die deutsch-russischen Wirtschaftsgespräche des BMWA geschehen.

Vorhersagen in den Geowissenschaften

Eugen Seibold

Was hält unsere Gesellschaft von den Geowissenschaften? Hier sei nur ein einziger Aspekt herausgegriffen, der erheblich dabei mitspielt, die „wissensbasierten Vorhersagen im Untertitel des Symposiums GEOWISSENSCHAFTEN UND DIE ZUKUNFT. Wie tragfähig sind sie? Gilt etwa auch hier die Meinung Goethes: „Seltsam des Propheten Lied, doppelt seltsam, was geschieht"? Diese Skepsis ist natürlich vor allem dort berechtigt, wo der *Mensch* beteiligt ist. Sie ist aber auch sonst angebracht, wenn eine Ausgangslage zu komplex ist oder nichtlineare Prozesse eine Rolle spielen, also auch in vielen Bereichen der Geowissenschaften. Edmont Halley konnte im Jahre 1705 noch auf der Basis der Newtonschen Himmelsmechanik die Wiederkehr „seines" Kometen berechnen. Als 1758/59 seine Vorhersage zutraf, war dies ein Triumph für die Naturwissenschaften mit weitreichenden Folgen für deren Selbstbewusstsein, bis hin zu der optimistischen Beurteilung auch komplizierterer Fälle. Sechs Bemerkungen zu diesem Komplex:

Zum *ersten*, zu den Vorhersagen für die Geowissenschaften *selbst*. Der Geist weht bekanntlich, wo und wann und auch bei wem er will. Unvorhergesehen wurden im Ozean die heißen Quellen mit ihrer bis dahin unbekannten Lebewelt entdeckt. Unvorhersehbar kam man zur besseren Altersdatierung von Tiefseekernen oder von Endmoränen durch Verwendung von Isotopen. Das „Wissensbasierte" selbst ändert sich daher fortlaufend. *Überraschungen*, die meist die Grundlage für den wissenschaftlichen Fortschritt sind, kann man nicht planen. Man muss aber das Feld für kreative Einzelforscher bereiten und offenhalten.

Zum *zweiten*: Schon aus finanziellen Gründen braucht es aber dazu meist einen institutionellen Rahmen mit Personal, Laboratorien und Geräten, der auf *Planungen*, also auf den Versuch von Vorhersagen beruht. Planung setzt Prioritäten, meist langfristige. Das scheint spontane Einfälle nicht zu fördern. Doch halt! Die fast routinemässige geophysikalische Kartierung der Tiefseeböden sah beispielsweise zunächst nicht wie eine faszinierende Forschungsaufgabe aus, doch sie wurde zur Basis der alles Bisherige umwälzenden Plattentektonik. Für die Kartierung an Land gilt Ähnliches. Aus der planmäßigen geologischen Aufnahme der nördlichen Kalkalpen erwuchs die Idee von Unterströmungen im Erdmantel.

Zum *dritten*: Werden *neue Methoden* eingeführt, so können Fortschritte leichter vorhergesagt werden. Was mag uns daher alles die beginnende Erkundung der Erdoberfäche mit Hilfe der modernen Satellitengeodäsie bringen? Horizontale real-time-Verformung an den Plattenrändern, vertikale an Land oder beim Meeresspiegel? Was die weitere geophysikalische Durchdringung des Erdmantels? Was aber auch ein vertieftes Verständnis der organischen wie anorganischen Mikro- und Nano-Welt? Was schließlich die computergestützte bessere Behandlung komplexer Gegebenheiten? Das sind alles Beispiele für Chancen einer Vorhersage,wenn neue Methoden ins Spiel kommen. Nach anfänglichen Schwierigkeiten können manchmal neue Ergebnisse geradezu extrapoliert werden.

In den Geisteswissenschaften, dem *vierten* Punkt, kommt bei Vorhersagen als erstes das *historische* Moment hinzu. Wo man es mit einmaligen, geschichtlichen Situationen oder Ereignissen zu tun hat, reichen Abstraktion und Reduktion nicht aus. Zweitens meint schon Aristoteles: „Dort, wo menschliche Entscheidung im Spiel ist, sind streng wissenschaftliche, das heißt stets gültige und beweisbare Aussagen wie in der Mathematik oder Astronomie unmöglich." Dies spielt bei den meisten umweltrelevanten Fragen eine Rolle. Es mag auch den Club of Rome mit seinem inzwischen überholten pessimistischen Szenario von 1972 trösten, das freilich ein hilfreiches allgemeines Nachdenken über unsere Grenzen in Gang setzte.

Damit zum *fünften* Punkt, zu *den* Vorhersagen, die *uns alle* angehen. Manches bleibt dabei auch ohne menschliche Einwirkung unsicher, etwa bei den Georisiken. Beim Versuch, Erdbeben vorherzusagen, muss man zunächst das Prinzipielle, die Bruchvorgänge im Gestein, besser verstehen lernen. Unterschiedliche zeitliche und räumliche Maßstäbe kommen dazu. Wir können zwar durch die Vorstellungen der Plattentektonik im Großen vorhersagen, wo *gehäuft* Erdbeben oder auch Vulkanausbrüche auftreten oder dass Gebirge mit hohen Niederschlägen Massenbewegungen begünstigen. In allen diesen Fällen jedoch gelang es bisher fast nie exakt vorherzusagen, wann, wo und wie stark diese Katastrophen hereinbrechen werden. Die statistisch ermittelbare Wahrscheinlichkeit des Auftretens solcher Ereignisse setzt freilich regionale oder lokale Warnzeichen. Es hilft uns

148

Geographisches Institut der Universität Kiel

natürlich nicht besoders viel, wenn danach alle 500.000 Jahre ein Himmelskörper mit einem Durchmesser von 1 km auf die Erde fällt. Umgekehrt sind wir in der Lage, sehr genau *Vorräte* einer *einzelnen* Lagerstätte vorherzusagen, viel weniger genau dagegen die Weltressourcen von Erdöl oder Erdgas und überhaupt nicht von Erzen. Die Tübinger Tagung der Geologischen Vereinigung im Jahre 1977, also schon vor einem Vierteljahrhundert, war ein Meilenstein beim Versuch, überhaupt solche Fragen auch im gesellschaftlichen Rahmen aufzuwerfen. Zum Aufsuchen und Ausbeuten einer Lagerstätte, immer noch unser erster Schritt, kam immer mehr der zweite, sich um möglichen Raubbau und um sonstige negative Folgen zu kümmern: „Nützen *und* Schützen!" Wer aber hätte 1942 bei der Inbetriebnahme des ersten Kernreaktors in Chicago vorhersagen können, dass die Frage der Entsorgung solcher Anlagen auch heute noch nicht wirklich gelöst ist?

Der *letzte* Punkt: *Ganz sicher* können wir als Geowissenschaftler vorhersagen, dass die Sonne einmal erlöschen wird, die Erde einmal erkaltet und die derzeitige Art Mensch einmal ausstirbt. Da geht es um Milliarden und – hoffentlich! – um Millionen Jahre, was also niemanden ernstlich interessiert, sind wir doch allenfalls in unserem für unser Leben wichtigen zeitlichen Rahmen auf Dekaden eingestellt, immerhin ein erster *Ansatz* für *nachhaltiges* Denken. Wenn man aber um sich sieht, werden die meisten unserer wissenschaftlichen Warnungen in den Wind geschlagen, vom Globalen bis zum Lokalen, von der hochpolitischen Frage der Klimaerwärmung bis zur Raumplanung durch Gemeinden.

Wir dürfen trotzdem nicht nachlassen, das in den Geowissenschaften verankerte *Langfristdenken* zu propagieren und unsere Vorhersagen so zu verbessern, dass allgemein eingesehen wird, was auf uns zukommen kann und was daraus gelernt werden muss. Vor allem müssten unsere Ableitungen auch angenommen werden.

Seien wir indessen realistisch: Ein skeptisches norwegisches Sprichwort sagt, dass selbst das, was alle gutheißen, nie getan wird. Doch bin ich darin hoffentlich ein falscher Prophet, der einmal doppelt Seltsames erleben wird!

Geographisches Institut
der Universität Kiel

Sanierung in Bergbaufolgelandschaften:

Eine interdisziplinäre Herausforderung

Ulrich Stottmeister

Braunkohle besitzt als fossiler Energieträger weltweit Bedeutung (Tab. 1), wenngleich ein geringer Energiegehalt, Landschaftszerstörung durch die vorwiegend genutzte Tagebauförderung und sekundäre Umweltprobleme wie SO_2-Emissionen und Ascheanfall gegen eine Anwendung sprechen.

In der folgenden Darstellung werden in einem ersten allgemeinen Teil die Sanierungsstrategien ausgewählter Länder verglichen (NATO-Projekt 1999; Mudroch et al., 2002). Hier stehen die Gestaltung neuer Landschaften und die Landschaftsnutzung im Mittelpunkt. In einem zweiten Teil werden neue Strategien zur Sanierung sekundär entstandener Probleme dargestellt, wie sie durch die Bildung „saurer Seen" und durch Industriedeponien in Tagebaurestlöchern entstehen.

In der Tschechischen Republik sind in Nordböhmen (Abb. 1) Tagebaurestlöcher enormen Ausmaßes entstanden. Es lassen sich zwei Phasen sowohl des Abbaus als auch der Sanierung erkennen: Vor 1990 konzentrierte sich der Abbau auf wenige Super-Tagebaue, die Sanierung war auf die langfristige Wiederherstellung von land- und forstwirtschaftlich nutzbaren Flächen ausgerichtet.

In den letzten Jahren ist eine Veränderung derart erkennbar, dass eine ökologische Restoration zum frühest möglichen Zeitpunkt angestrebt wird. Die vorgesehene Flutung der großen Tagebaurestlöcher wird allerdings durch eine Reihe von Problemen behindert werden, so z.B. durch nicht ausreichende Wassermengen im Fluss Bilina, der schlechten Wasserqualität des Flutungswassers, der zu erwartenden Versauerung und anderer Faktoren.

Tab. 1: Welt-Braunkohleförderung durch Tagebau

	Mio t/Jahr
Australien*	38.6
Ehemaliges Westdeutschland*	136.9
Ehemaliges Ostdeutschland (1978)	258.3
Deutschland (1999)	161.3
Polen*	46.8
U.S.A.	58.3
Ehemalige UdSSR*	178.5
Tschechoslowakei (1978)	94.8
	* Jahr nicht bekannt

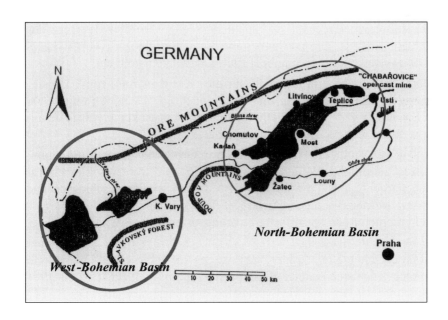

Abb. 1: Nordwest-Tschechisches Kohlerevier

Tab. 2: Tschechische Braunkohleressourcen und ihre Ausbeutung

Nordwest-Tschechisches Braunkohlerevier	850 km^2
	$3 \times 10^9 \text{ t}$ gefördert
	$6,1 \times 10^9 \text{ t}$ abbauwürdig
unterteilt in :	
Nord-Böhmisches Becken	6 Gruben mit einer insgesamt Fläche von >4000 ha
West-Böhmisches Becken	3 Gruben mit einer Gesamtfläche von ca. 2000 ha
Im Jahre 1995 waren 12% der Oberfläche der Becken durch den Tagebau zerstört.	
Die maximale jährliche Produktion von 72,8 Million t wurde im Jahre 1984 erreicht.	

Polen ist der Welt drittgrößter Braunkohlenproduzent. Eine langfristige Strategie zur Sanierung der zerstörten Flächen scheint noch nicht zu existieren, Restoration bedeutet mehr oder weniger Verfüllung der ausgekohlten Tagebaue. Interessant ist das Gebiet östlich der deutsch-polnischen Grenze. Dort existieren etwa 100 künstliche Seen als Resultat des Bergbaus des 19. Jahrhunderts. Diese erlauben eine gute Einschätzung von Vorgängen in Ökosystemen, die sich unbeeinflusst entwickeln konnten.

In Kanada sind in Alberta Beispiele für die „Konstruktion" von 3 künstlichen Seen geschaffen worden, die bereits nach nur 15 Jahren einen sehr hohen Erholungswert besitzen. Die ökologische Entwicklung wurde detailliert erfasst sowie die Kosten veröffentlicht.

Der Abbau von Kohle im Tagebaubetrieb in Großbritannien erfolgt hauptsächlich in Schottland, Wales und England. Er wird in relativ kleinen Tagebauen vorgenommen, die nach etwa 5 Jahren wieder geschlossen und rekultiviert werden. Ein neuer Ansatz ist das so genannte „habitat design", die zielgerichtete, auf spezifische Nutzung orientierte Beeinflussung des Systems (Tab. 3).

Im mitteldeutschen Braunkohlerevier wurden im Jahre 1989 470 km^2 für Braunkohle–Tagebaue genutzt, diese Fläche erhöhte sich zunächst bis 1994 auf ungefähr 510 km^2. Es wird geschätzt, dass insgesamt etwa 30-35 Billionen m^3 Abraum aus Tiefen bis 135 m ausgebaggert wurden. Das bedeutet den Verlust ganzer Regionen und führte z.B. zur teilweisen oder vollständigen Zerstörung von 120 Ansiedlungen und der Umsiedlung von über

Tab. 3: Sanierungsstrategien in Großbritannien

1. Erste Strategie (1942 – 1990):
Restoration für landwirtschaftliche Zwecke Ist für 90 % der 60 000 ha erfolgt, die zwischen 1942 und 1990 zerstört wurden
2. Zweite Strategie, beginnend in den frühen 90er Jahren:

„*Habitat design*" mit der Gestaltung von neuen
 	
               – Waldgebieten
               – Teichen, Gräben
               – Feuchtbiotopen
               – Vogelschutzgebieten
               – Erholungszonen

47.000 Einwohnern. Zusätzlich wurde durch die notwendigen Absenkungen des Grundwassers der Wasserhaushalt ganzer Gebiete gestört und entsprechende ökologische Schäden hervorgerufen. Nach der Beendigung des Tagebaues und der einsetzenden natürlichen oder künstlichen Verfüllung steigt das Wasser dann wieder und bewirkt durch die natürlichen geologischen Versauerungsprozesse die Bildung saurer Seen.

Es wurden seit 1990 Beispiele von internationaler Bedeutung für die Sanierung und Landschaftsgestaltung geschaffen (Tabelle 4). Das betrifft nicht nur die Gestaltung der Morphologie der Bergbaufolgeseen, die Beeinflussung der Flutung und der Wasserqualität sowie die Folgenutzung, sondern auch soziologische Fragen der Umsiedlung und Neuansiedlung (Kabisch und Linke, 2002).

Die geologischen Gegebenheiten mit einem hohen Pyritgehalt, wie sie insbesondere im Lausitzer Bergbaurevier zu finden sind, führen besonders im Kippenbereich zu einer bakteriellen Oxidation mit der Bildung von Schwefelsäure. Die entstehenden sauren Gewässer können nur unter reduktiven Bedingungen in Gegenwart von Eisen neutralisiert werden (Wendt-Potthoff et al., 2002). In Mitteldeutschland existiert ein Problem, das in dieser Weise in keinem der anderen Länder bekannt geworden ist: Die Nutzung von Tagebaurestlöchern als ungeordnete Deponieräume insbesondere für Industrieabfälle.

Tab. 4: Daten zur Bergbausanierung in Mitteldeutschland

Nahezu 95.000 ha wurden seit dem Beginn des Tagebaus bis 1999 rekultiviert mit		
	33 %	landwirtschaftlicher Nutzung
	49 %	forstwirtschaftlicher Nutzung
	9 %	Flutung
	9 %	unterschiedlicher Nutzung.

In Tabelle 5 ist eine Zusammenstellung der Gesamtzahl der Altlasten zu finden, zu denen auch die erwähnten Industriedeponien zu zählen sind.

Anhand ausgewählter Beispiele werden neue Lösungsansätze vorgestellt, die die notwendige komplexe Betrachtungsweise verdeutlichen soll, die bei Industriedeponien notwendig ist.

Tab. 5: Altlasten in der Verantwortung der LMBV (Lausitz-Mittel-deutsche-Bergbau-Verwaltung)

570	Altlasten insgesamt, davon		
327	sanierte Altlasten (2002)		
128	keine Notwendigkeit einer Sanierung		
115	unsaniert, davon sind :	3	ungefährlich
		82	in der Sanierungsplanung
		30	gefährlich (wie z.B.Teerseen)

Fallbeispiel „Silbersee"

Die Deponie von Abfällen der Zellstoffindustrie (Lignosulfonsäuren) in einer dichtbesiedelten Gegend in einem Tagebau-Restloch führte durch mikrobiologische Aktivitäten zu einer massiven Schwefelwasserstoffbildung. Eine Quellensanierung ist nicht möglich. Die Auswirkungen der H_2S-Emissionen konnten aber durch ein großflächiges Biofilter gemindert werden (Hanert et al., 1995).

154

Modellbeispiel Spüldeponie „Großkayna"

Im Tagebaurestloch Großkayna bei Merseburg (Sachsen-Anhalt) wurden über Jahre Aschen und Chemieabfälle verspült. Es bildete sich ein Deponiekörper bis 36 m Dicke (25 Mio m^3) aus. In den Kraftwerks- und Winkler-aschen wurden viele organische Schadstoffe gebunden, augenscheinlich irreversibel, da in der ursprünglichen Wasserschicht (etwa 1 m) nur geringfügig organische Verbindungen nachgewiesen wurden. Das Sanierungskonzept sah eine schnelle Flutung vor, die derzeit bereits beendet wurde.

Der Hauptschadstoff ist Ammonium, das kontinuierlich aus dem Deponiekörper in den Wasserkörper gelangt. Aus diesem Grunde müssen – um eine Anreicherung an Ammonium bei der erfolgten Flutung mit Saalewasser zu vermeiden – Nitrifikations- und Denitrifikationsprozesse eingeleitet werden. Die Nitrifikation kann nach der Flutung mit entsprechendem Energieaufwand partiell durch Belüftungsaggregate erreicht werden. Die Denitrifikation allerdings benötigt eine zusätzliche verwertbare Kohlenstoffquelle.

Unser Vorschlag ist es, als unterstützende Maßnahme die Phytoremediation (durch Pflanzen bewirkte Sanierung) als naturnahe und kostengünstige Methode für die Stickstoffelimination zu nutzen und dafür Schilfgürtel anzupflanzen. Um deren Abmessungen kalkulieren zu können, wurden aus Labor- und Freilandversuchen Berechnungen durchgeführt (Tab. 6) (Stottmeister et al., 2001).

Fallbeispiel „Phenolsee"

Eine Schwelwasserdeponie mit hohen Phenol- (über 200 mg/l) und Ammonium-konzentrationen (bis 250 mg/l) und COD (chemical oxygen demand)-Werten über 2200 mg/l wurde nach dem Prinzip „enhanced natural attenuation" saniert (Stottmeister und Weißbrodt, 2000). Dazu wurden nach entsprechend positiv verlaufenen *in situ*-Versuchen die toxischen phenolischen Polymerverbindungen (anthropogen entstandene huminstoff- artige Verbindungen) unter Beibehalten einer natürlichen Konzentrations-schichtung im gesamten See ausgeflockt, ein optimaler pH-Wert eingestellt, Nährsalze dosiert und die biologische Selbstreinigung initiiert, die in einer stabilen aeroben Zone (bis etwa 12 m Tiefe) zum weitgehenden Abbau der Kohlenstoffverbindungen und der beginnenden Nitrifikation führte. In der scharf abgetrennten anaeroben Tiefenzone verlaufen ebenfalls Abbauprozesse (Tab. 7) (Stottmeister et al., 1999, 2001, 2002).

Tab. 6: Modellberechnungen des Masseneintrages durch einen Schilfgürtel

Influx von 32 t/a NH_4^+-N:

Ein 3 m breiter Gürtel Schilf (17,5 ha) bildet **68,5 t/a C,**

ausreichend für **64 t/a NO_3^--N**

Kohlenstoffbildungsrate von: 0,75 kg C/m$\leq$a: **130 t C (3 m)   105 t C (2m)**

Realistische Denitrifikationsrate: **0,5-1 g** Nitrat-Stickstoff m^{-2}d^{-1}

Austritt von **13-27 t** N in einer Vegetationsperiode ist möglich.

Die errechnete Eliminationsrate ergibt:

11-22 t N pro Vegetationsperiode für einen 3 m Schilfgürtel

Tab. 7: Abbaugrad organischer Verbindungen und Nitrifikation (Stand 2002). Die Zahlen in Klammern charakterisieren die prozentuale Erniedrigung bezogen auf den Stand vor der Sanierung 1996

Tiefe (m)	Gesamt-Phenole (mg/l)	Ammonium-Stickstoff (mg/l)	COD (mg/l)	DOC (mg/l)
0	0 (100%)	45 (40%)	175 (82%)	39 (85%)
5	2 (90%)	62 (27%)	275 (72%)	59 (79%)
10	12 (86%)	80 (40%)	427 (68%)	132 (68%)
15	15 (93%)	86 (61%)	533 (76%)	159 (75%)
20	17 (97%)	93 (39%)	795 (65%)	192 (72%)
25	27 (88%)	108 (57%)	1400 (38%)	407 (41%)

156

Literatur

Hanert, H.H. / Dietzmann, D. / Gloistein, C. / Harborth, P. / Kucklick, M. / Waschke, C. / Wittmaier, M. [1995]. Biologische Abluftreinigung gasförmiger Emissionen bei der Behandlung von Abfällen. Veröffentlichungen des Zentrums für Abfallforschung der TU Braunschweig, Heft 10. ISSN 0934 9243.

Linke, S. / Schiffer, L. [2002]. Development Prospects for Post-Mining Landscape in Central Germany. in : Mudroch, A. / Stottmeister, U. / Kennedy, C. / Klapper, H. (Hrsg.): Remediation of Abandoned Surface Coal Mining Sites, Springer Berlin, Heidelberg, New York. Series Environmental Engineering (Series Eds.: U. Förstner / R.J. Murphy / W.H. Rulkens).

NATO linkage grant [1999] (ENVIR LG 960318) and computer network program (CNS 970446). Remediation of abandoned surface coal mining sites, 1996-1998 (Coordinator: U. Stottmeister), UFZ report 11/1999 ISSN 0948-9452.

Stottmeister, U. / Weißbrodt, E. [2000]. „Enhanced Bioattenuation" Anwendung natürlicher Prozesse zur Sanierung carbochemischer Altlasten. TerraTech, Zeitschrift für Altlasten und Bodenschutz, 17, 45-48.

Stottmeister, U. / Weißbrodt, E. / Kuschk, P. [2001]. Remediation of industrial deposits in former opencast mines. International Conference Reclamation and Remediation of Post-mining Landscapes 14-18 May 2001 Teplice, Czech Republic ISSN 1213-4066.

Stottmeister, U. / Gläßer, W. / Klapper, H. / Weißbrodt, E. / Eccarius, B. / Kennedy, Chr. / Schultze, M. / Wendt-Potthoff, K. / Frömmichen, R. / Schreck, P. / Strauch, G. [1999]. Strategies for Remediation of Former Opencast Mining Areas in Eastern Germany in: Environmental Impacts of Mining Activities, José M. Azcue, Springer-Verlag Berlin–Heidelberg, S. 263-296.

Stottmeister, U. / Weißbrodt, E. / Tittel, J. [2002]. Von der Altlast zum See. Biologie in unserer Zeit, 32 (5), 276-285.

Wendt-Potthoff, K. / Frömmichen, R. / Herzsprung, P. / Koschorreck, M. [2002]. Microbial Fe(III)-reduction in acidic mining lake sediments after addition of an organic substrate and lime. Water, Air and Soil Pollution, Focus 2: 81-96.

157

Verfügbarkeit oberflächennaher Massenrohstoffe

Bernhard Stribrny

Sand, Kies, Natursteine, Zementrohstoffe, Gips sowie Ton und Tongesteine nehmen mengenmäßig die Spitzenstellung bei der Gewinnung von oberflächennahen mineralischen Massenrohstoffen ein. Im Gegensatz zu den Energie- und Metallrohstoffen wird der Großteil des inländischen Bedarfs an mineralischen Rohstoffen in der Bundesrepublik Deutschland produziert. Zirka 800 Mio. t Steine- und Erdenrohstoffe werden pro Jahr im Bundesgebiet gefördert (Werner et al., 2002). 1998 setzte sich die Gesamtförderung zusammen aus 383 Mio. t Sand und Kies, 195 Mio. t Naturstein, 110 Mio. t Zementrohstoffe (Kalk- und Dolomitstein, Mergel), 22 Mio. t Ton und Tongesteine (Gwosdz und Röhling, 2003). Im gleichen Zeitraum wurden 55 Mio. t Recycling-Baustoffe wieder verwendet. Der Pro-Kopf-Verbrauch liegt bei etwa 10 t an mineralischen Primärrohstoffen pro Jahr.

Stark vereinfacht kann die zukünftige Verfügbarkeit von Rohstoffen aus der Menge an bekannten Reserven geteilt durch den jeweiligen, geschätzten Bedarf ermittelt werden (Wellmer, 1998). Die geologischen Reserven an oberflächennahen mineralischen Rohstoffen erscheinen nahezu unbegrenzt. Die Fläche der Bundesrepublik Deutschland beträgt 357 000 km^2. Betrachtet man die obersten 100 m als oberflächennah und geht von einem Durchschnittsgewicht von 2,3 g/cm^3 aus, so enthalten die obersten 100 m des Bundesgebietes rund 82.100 Mrd. t an Fest- und Lockergesteinen. Selbst wenn man nur 1% dieser Menge als potenziell bauwürdig einstuft, würden rund 821.000 Mio. t an geologischen Reserven einer Jahresproduktion von 800 Mio. t gegenüberstehen. In anderen Worten, wir könnten theoretisch fast 1000 Jahre lang die derzeit geförderte Menge an oberflächennahen mineralischen Rohstoffen gewinnen, bevor die sehr konservativ kalkulierten geologischen Vorräte erschöpft wären (Abb. 1). In der Praxis stellt sich die Situation allerdings etwas vielschichtiger dar. Die Verfügbarkeit an mineralischen Rohstoffen hängt weniger von den geologischen Vorkommen, als von den zum Abbau genehmigten und für die Zukunft zur Rohstoffgewinnung gesicherten Flächen ab. Gesetzliche Grundlage für die Rohstoffsicherung ist das Raumordnungsgesetz (ROG). Nur ein geringer Teil der im Tagebau gewonnen mineralischen Rohstoffe, wie zum Beispiel Ton, Quarzsand und Trass, fallen unter das Bundesberggesetz, das als einziges Gesetz eine eigene Rohstoffsicherungs-Regelung enthält (§ 48, BBergG).

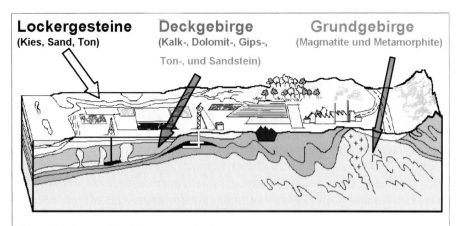

Lockergesteine
(Kies, Sand, Ton)

Deckgebirge
(Kalk-, Dolomit-, Gips-, Ton-, und Sandstein)

Grundgebirge
(Magmatite und Metamorphite)

Oberflächennahe Massenrohstoffe:
- geologisch <u>unbegrenzte</u> Ressourcen, 82 Mrd. t in den obersten 100 m Erdkruste, davon ca. 1 % bauwürdig, das entspricht   821 000 Mio. t an Reserven
- BRD ist Selbstversorger mit ca. 800 Mio. t/a, Quotient aus Reserven/jährlichen Bedarf = 1000 Jahre Rohstoffabbau
- Verbrauch pro Kopf liegt bei ca. 10 t/a

Abb. 1: Vereinfachtes geologisches Blockbild von Deutschland mit der Verteilung der wichtigsten oberflächennahen Massenrohstoffe.

Das Raumordnungsgesetz (§ 2, Abs. 2, Nr. 9, Satz 3 ROG) fordert die vorsorgende Sicherung sowie die geordnete Aufsuchung und Gewinnung von standortgebundenen Rohstoffen. Der Landesentwicklungs- und Regionalplanung kommen hierbei als Instrumente der Rohstoffsicherung durch die Ausweisung von Vorranggebieten besondere Bedeutung zu. Rohstoffsicherung bedeutet aber nicht automatisch Rohstoffabbau. Für die Bundesrepublik Deutschland wird der für eine mittel- bis langfristige Rohstoffsicherung erforderliche Flächenbedarf auf etwa 1% der Gesamtfläche geschätzt, wobei der jeweils unter Abbau stehend Flächenanteil weit unter 0,1% der Gesamtfläche liegt (Gwosdz und Röhling, 2003). Eine bundesweite Übersicht über die in den Regionalplänen ausgewiesenen Rohstoffsicherungsflächen fehlt bislang. Die bundesweit in 36 repräsentativ ausgewählten Regionalplänen ausgewiesenen gesicherten Vorräte reichen für etwa 60 Jahre, regional jedoch teilweise nur 6 bis 10 Jahre. Defizite bei der planerischen Rohstoffsicherung bestehen nach Scharek (1998) insbesondere hinsichtlich der uneinheitlichen Ausweisungskriterien, der zu kurzen Planungshorizonte und der oft risikobehafteten geologischen Lagerstättencharakteristika. SPpangenberg et al. (1998) sehen als mögliche Ursache für Versorgungsengpässe unter anderem die regional sehr unterschiedliche Verteilung von Lagerstätten, Defizite bei der Lagerstättenerkundung und geringe Ausweisungen von Rohstoffsicherungsflächen bei hoher Nutzungskonkurrenz (Abb. 2). Nutzungskonflikte zwischen dem übertägigen Rohstoffabbau treten insbesondere mit dem Wasser-, Landschafts- und Naturschutz auf. Nicht selten werden diese Schutzziele als Argumente in der Standortdiskussion um Steinbrüche und Kiesgruben genutzt, um neue Gewinnungsstellen zu verhindern oder die Ausweitung bestehender Abbaue zu erschweren. Nach Beckmann et al. (1998) resultieren die Probleme rohstoffgewinnender Betriebe häufig nicht aber nur aus unzureichender Flächenausweisung, sondern auch aus Genehmigungsdefiziten. Hier sind die dem Bundesberggesetz unterstehenden Betriebe oft besser gestellt, da die Bergbehörde als Genehmigungsbehörde in der Regel versucht, Genehmigungshindernisse in Zusammenarbeit mit den Antragstellern auszuräumen.

Die Prognosen über den zukünftigen Bedarf an mineralischen Rohstoffen liegen weit auseinander. Das Deutsche Institut für Wirtschaftsforschung (Wettig et al., 1999) sagt in einer vom Bundesverband Baustoffe – Steine und Erden beauftragten Studie einen 9%igen Anstieg des mineralischen Rohstoffbedarfs bis 2010 vorher. Scharek et al. (1998) prognostizieren bis 2040 einen auf dem heutigen Mengenniveau verbleibenden Verbrauch, der je nach Baukonjunktur etwas schwankt. Fleckenstein et al. (1998) ermitteln anhand eines kreislauforientierten Modells einen Rückgang an mineralischen Primärrohstoffen bis 2040 um 46%, gekoppelt mit einer Verdreifachung des Einsatzes an Sekundärmaterialien. BUND und MISERIOR (1996) gehen von einem 80 bis 90%igen Bedarfsrückgang an mineralischen Rohstoffen bis 2040 aus.

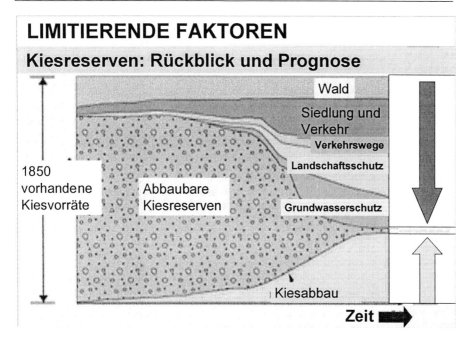

LIMITIERENDE FAKTOREN

Kiesreserven: Rückblick und Prognose

Wald

Siedlung und Verkehr

Verkehrswege

Landschaftsschutz

1850 vorhandene Kiesvorräte

Abbaubare Kiesreserven

Grundwasserschutz

Kiesabbau

Zeit

Abb. 2: Indirekte Verringerung von abbaubaren Kiesreserven durch Überplanung der potenziellen Abbauflächen mit anderweitige Nutzungen (verändert nach Jäckli, H. & Schindler, C., 1986)

Einschränkungen hinsichtlich der Verfügbarkeit von oberflächennahen Massenrohstoffen ergeben sich auch aus den jeweiligen Markt- und Qualitätsanforderungen. Dies gilt insbesondere für Rohstoffe, an deren physikalische, chemische und/oder petrographisch-mineralogische Eigenschaften besondere Anforderungen gestellt werden und deren Funktion nicht durch andere Materialien ersetzt werden kann. Steigende Qualitätsanforderungen führen in der Regel zu einer Verringerung an geeigneten und gewinnbaren Reserven. Die Qualitätsanforderungen an den Rohstoff, zum Beispiel an den Weißegrad von Schwerspat oder Kalkstein ergeben sich in der Regel aus den Spezifikationen der Endprodukte, zum Beispiel Farben, Papier oder Zahnpasta.

Nutzung und Verfügbarkeit einiger Rohstoffe werden durch Richt- und Grenzwerte eingeschränkt. Das gilt sowohl für Primärrohstoffe, als auch für Recyclingmaterial. Limitierende Werte für die Verwendung, Verwertung und Entsorgung von mineralischen Stoffen werden von der Bundes-

161

Bodenschutz und Altlastenverordnung (BBodSchV), dem Wasserhaushaltsgesetz (WHG), den technischen Regeln der Länderarbeitsgemeinschaft Abfall (LAGA, TR 20, 1997) sowie von den Geringfügigkeitsschwellen (GAP 1999 und GBG 1998) unter Federführung der Länderarbeitsgemeinschaft Wasser (LAWA) vorgegeben. Als Beispiel sei ein Grenzwert von 20 mg/kg Arsen (LAGA, TR 20, 1997) genannt, der sowohl von vielen Böden, als auch von anstehenden Fest- und Lockergesteinen als geogener Hintergrundwert bereits überschritten wird (Mederer et al., 1998) (Abb. 3). Eluatanalysen von Tonen führten zu dem Ergebnis, dass 75% der Proben über den Z2-Zuordnungswerten der LAGA (TR 20, 1997) für DEV S4-Eluate liegen. Das heißt, dass diese Tone für einen freien Umgang nicht geeignet und nur stark eingeschränkt und mit technischen Sicherungsmaßnahmen verwertbar sind (MEDERER et al. 1998). Aus der Sicht des Boden- und Grundwasserschutzes eignet sich für die Verfüllung von Abgrabungen und Tagebauen nur Bodenmaterial, das die Vorsorgewerte der BBodSchV beziehungsweise die Z0-Zuordnungswerte (LAGA 2002) einhält. Sollte dies auch für den Bereich unterhalb der durchwurzelbaren Bodenschicht gelten, so besteht nach Auffassung der Wirtschaftsministerkonferenz (WMK 2001) die Gefahr, dass ein Großteil der Abbaustätten nicht mehr verfüllt, Folgenutzungen nicht realisierbar und bereits erteilte Zulassungen nicht umgesetzt werden könnten.

Abfälle aus der Mineralgewinnung bilden mit einer jährlichen Menge von 400 Mio. t rund 29 % der gesamten Abfälle im Bereich der Europäischen Union. Ziel einer im Entwurf vorliegenden EU-Richtlinie ist es, Zitat: „... Mindestanforderungen zu formulieren, um die Bewirtschaftung von Abfällen aus der mineralischen Industrie zu verbessern, indem die Risiken für die Umwelt und die menschliche Gesundheit konkret einbezogen werden, die bei der Behandlung und der Entsorgung dieser Abfälle entstehen können. Der Vorschlag soll insbesondere durch die Förderung der Abfallverwertung zur Erhaltung der Ressourcen beitragen, um so die Notwendigkeit der Ausbeutung der natürlichen Ressourcen zu verringern. Die Förderung der Verwertung könnte durch den damit geringeren Bedarf neuer bergbaulicher Tätigkeiten auch die Umweltauswirkungen insgesamt reduzieren (Bundesrat, Drucksache 435/03)." Diese Richtlinie betrifft alle mineralgewinnenden sowie erdöl- und erdgasproduzierenden Betriebe. Handlungsbedarf zeichnet sich nach der Verabschiedung der Richtlinie für jene Gewinnungsstätten ab, die bei der Förderung und Aufbereitung Abfälle hinterlassen, die nicht unter die Einstufungen „unverseuchter Boden" oder „Inertabfälle" fallen. Die stärksten Auswirkungen sind für Betriebe aus dem Bereich der Erz- und Industriemineralgewinnung mit einem großen Aufkommen an belastetem Halden-, Laugungshalden- und Bergematerial zu erwarten.

LIMITIERENDE FAKTOREN: Grenzwerte

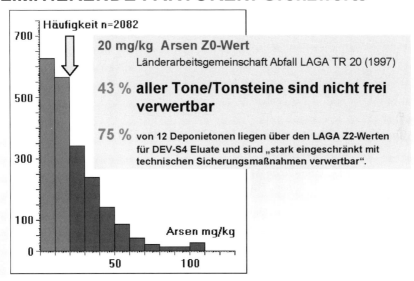

Abb. 3: Häufigkeitsverteilung der Arsengehalte in Tonen und Tonsteinen (verändert nach Mederer et al., 1998)

Der Transport von oberflächennahen Massenrohstoffen ist energie- und kostenintensiv. Eine dezentrale Versorgung ist deshalb nicht nur aus wirtschaftlichen Gesichtspunkten, sondern auch im Hinblick auf die Schonung von Umwelt- und Energieressourcen sinnvoll (Abb. 4). Dennoch existieren, wie auch bei den Energie- und Metallrohstoffen, klare Konzentrationstendenzen: Weg von kleinen Gewinnungsstellen, darunter auch kleine Gemeinde- oder Forststeinbrüche, hin zu großen, verkehrsgünstig gelegenen Betrieben bis hin zu „Superquarries" mit Jahresproduktionen von bis zu 15 Mio. t Bruchstein, Schotter und Splitt, die ihre Produkte auch über den Seeweg vermarkten.

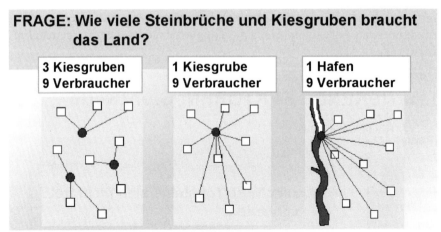

FRAGE: Wie viele Steinbrüche und Kiesgruben braucht das Land?

| 3 Kiesgruben | 1 Kiesgrube | 1 Hafen |
| 9 Verbraucher | 9 Verbraucher | 9 Verbraucher |

Antwort: Maßgebend sind die Markt- und die Rahmenbedingungen für den Bergbau.

Wichtige Aspekte: Öffentliche Akzeptanz, ökonomisch-ökologische Bilanzen (Stoffmengenflüsse, Transporte, Flächeninanspruchnahme, kumulierter Energieaufwand)

Abb. 4: Vereinfachtes Schema der Transportwege bei einer dezentralen und zentralen Versorgung von Verbrauchern mit oberflächennahen Massenrohstoffen (verändert nach Pauly, 1983)

Fazit

Die Versorgung der Bundesrepublik Deutschland mit oberflächennahen Massenrohstoffen ist prinzipiell gesichert. Eine große Menge an geologischen Vorräten steht einem vermutlich mehr oder weniger konstant bleibendem Bedarf an Primärrohstoffen und einer leicht ansteigenden Menge an Recyclingmaterial gegenüber, so dass in den nächsten 20 Jahren nicht mit gravierenden Versorgungsengpässen zu rechnen ist. Auch langfristig wird die Versorgung mit oberflächennahen Massenrohstoffen in ausreichender Menge, Qualität und zu vertretbaren Preisen nicht von der Verfügbarkeit an geologischen Reserven, sondern vielmehr von den Rahmenbedingungen abhängen, unter denen Bergbau und Rohstoffgewinnung in Deutschland und Europa stattfinden können. Zu diesen Rahmenbedingungen zählen:

– Gesetze, Verordnungen, Richtlinien,

– Landesentwicklungs- und Raumplanung,

– Rohstoffsicherungskonzepte und -flächen,

– Genehmigungs- und Auflagensituation,

– Immissionen und Emissionen, Richt- und Grenzwerte,

– Qualitäts- und Marktanforderungen,

– Transportmöglichkeiten,

– Öffentliche Akzeptanz von Rohstoffgewinnungsanlagen.

Europa und die Bundesrepublik Deutschland sind hinsichtlich der Energie- und Metallrohstoffe von Importen, zum Teil zu 100%, abhängig. Die innereuropäische und innerdeutsche Steine- und Erdenproduktion deckt den hiesigen Bedarf und ist international konkurrenzfähig. Damit dies so bleibt, ist die Schaffung verlässlicher und zukunftsfähiger Rahmenbedingungen für die Verfügbarkeit, Gewinnung und Sicherung von Rohstoffen als strategischer Grundpfeiler für die ökonomische, ökologische und soziale Entwicklung sowohl auf nationaler, als auch auf europäischer Ebene notwendig.

Literatur

Beckmann, G. / Heck, B. / Losch, S. [1998]. Ergebnisse des Expertengesprächs zur „Vorsorgenden Sicherung oberflächennaher Rohstoffe in Deutschland". In Bundesamt für Bauwesen und Raumordnung (Hrsg.): Sicherung oberflächennaher Rohstoffe. Informationen zur Raumentwicklung, 4/5, 345-349.

BUND/MISERIOR [1996]. Wegweiser für ein zukunftsfähiges Deutschland. Bund für Umwelt und Naturschutz (BUND) e.V., Berlin, 1-346

Bundesberggesetz (BBergG) vom 12.2.1990

Bundesbodenschutz- und Altlastenverordnung (BBodSchV) vom 16.7.1999

Bundesrat [2003]. Vorschlag für eine Richtlinie des Europäischen Parlaments und des Rates über die Bewirtschaftung von Abfällen aus der mineralgewinnenden Industrie KOM (2003) 319 endg. Ratsdokument 10143/03. Bundesrat Drucksache 435/03 vom 18.6.03

Fleckenstein, K. / Hochstrate, K. / Knoll, A. [1998]. Mittel- bis langfristige Nachfrage nach oberflächennahen Primärrohstoffen in den Regionen der

Bundesrepublik Deutschland. In: Bundesamt für Bauwesen und Raumordnung (Hrsg.): Sicherung oberflächennaher Rohstoffe, Informationen zur Raumentwicklung, 4/5, 201-219.

GAP [1999]. Grundsätze des Grundwasserschutzes bei Abfallverwertung und Produkteinsatz. LAWA-AK „Grundwasserschutz bei Abfallverwertung und Produkteinsatz", Stand 27.1.1999.

GBG [1998]. Gefahrenbeurteilung von Bodenverunreinigungen/Altlasten als Gefahrenquelle für das Grundwasser. Gemeinsame Arbeitsgruppe LAWA, LABO, und LAGA „Gefahrenbeurteilung Boden / Grundwasser", Grundsatzpapier vom 17.6.1998.

Gwosdz, W. / Röhling, S. [2003]. Flächenbedarf für den Abbau von oberflächennahen Rohstoffen. Commodity Top News, 19, 1-4, Bundesanstalt für Geowissenschaften und Rohstoffe (Hrsg.), Hannover.

Jäckli, H. / Schindler, C. [1986]. Abbaubare Rohstoffe in der Schweiz.- (http://www.sgtk.ethz.ch/100jahresgtk/meilensteine/abbaubare_rohstoffe.html)

Mederer, J. / Hindel, R. / Rosenberg, F. / Linhard, E. / Martin, M. [1996]. UAG „Hintergrundwerte" der Ad-hoc-AG Geochemie, Statusbericht 1996. Geol. Jb., G 6, 3-130, Bundesanstalt für Geowissenschaften und Rohstoffe (Hrsg.), Hannover.

LAGA (1997): Anforderungen an die stoffliche Verwertung von mineralischen Reststoffen/Abfällen – Technische Regeln. Länderarbeitsgemeinschaft Abfall, Mitteilungen, 20, Erich-Schmidt-Verlag, Berlin.

Scharek, G. [1998]. Rechtliche Probleme bei der Sicherung und beim Abbau der Rohstoffe sowie mögliche Lösungsvorstellungen aus der Sicht der Steine- und Erden-Industrie. In: Bundesamt für Bauwesen und Raumordnung (Hrsg.): Sicherung oberflächennaher Rohstoffe. – Informationen zur Raumentwicklung, 4/5, 321-329.

Scharek, G. / Braus, H.-P. / Hahn, U. / Pahl, G. [1998]. Voraussichtliche Nachfrage nach Primärrohstoffen bis zum Jahre 2040. Einschätzungen aus Sicht der Steine-und-Erden-Industrie. In: Bundesamt für Bauwesen und Raumordnung (Hrsg.): Sicherung oberflächennaher Rohstoffe, Informationen zur Raumentwicklung, 4/5, 219-227.

Spangenberg, M. / Schulz, M. / Dosch, F. [1998]. Vorsorgende Sicherung oberflächennaher Rohstoffe in Regionalplänen. In: Bundesamt für Bauwesen und Raumordnung (Hrsg.): Sicherung oberflächennaher Rohstoffe, Informationen zur Raumentwicklung, 4/5, 233-247.

Wasserhaushaltsgesetz (WHG) vom 19.8.2002.

Wellmer, F.-W. [1998]. Lebensdauer und Verfügbarkeit energetischer und mineralischer Rohstoffe. Erzmetall, 51, 10, 663-675.

Werner, W. et al. [2002]. Rohstoffbericht Baden-Württemberg 2002. Informationen 14, 1-92, Landesamt für Geologie, Rohstoffe und Bergbau Baden-Württemberg (Hrsg.).

Wettig, E. / Bartholmai, B. / Schulz, E. [1999]. Langfristige Entwicklung des Verbrauchs wichtiger Steine- und Erden-Rohstoffe in der Bundesrepublik Deutschland. In: Bundesverband Baustoffe – Steine und Erden 2000 (Hrsg.): Der Bedarf an mineralischen Baustoffen, 17-75.

Wirtschaftsministerkonferenz (WMK) am 1./2. März 2001 in Mainz, TOP 30: „Verfüllung von Tagebauen (Abgrabungen)".

Das Golfstrom-Problem

Jörn Thiede / Robert F. Spielhagen / Henning A. Bauch

Wie kaum ein anderes Landgebiet auf der ganzen Erde steht Nordwesteuropa unter dem wechselhaften Einfluss eines Klimas, dessen wichtigste Eigenschaften von den Strömungsverhältnissen im angrenzenden Nordostlantik beeinflusst werden und das sich unter diesem Einfluss über kurze und lange Zeiträume hinweg dramatisch verändert hat. Da die Lebensgrundlagen der hochindustralisierten Gesellschaften der modernen Staaten Nordwesteuropas von dem weiteren „Funktionieren" dieses Klimasystems abhängig sind, haben wir ein unmittelbares Interesse daran, seine grundlegenden Eigenschaften zu verstehen und die Prozesse zu analysieren, die zu seinen Veränderungen führen können und in der Vergangenheit geführt haben. Für die Vergangenheit können diese Veränderungen über eine Vielzahl von räumlichen und zeitlichen Skalen gut mit geologischen, glaziologischen und historischen Daten belegt werden, wie hier beispielhaft erläutert werden soll; die steuernden Prozesse können dagegen nur durch eine enge Zusammenarbeit von „Beobachtern" und „Modellierern" definiert werden Für die Zukunft kann dieses nur gelingen, wenn die benutzten Modelle die wesentlichen steuernden Prozesse und ihre raum-zeitliche Veränderlichkeit erfolgreich und in ausreichender Auflösung wiedergeben.

Die Bedeutung des Europäischen Nordmeeres und der Eiskerne aus dem Grönland-Eisschild zur Entzifferung dieser Veränderungen und der sie steuernden Prozesse ist seit einiger Zeit erkannt und daher Gegenstand von umfassenden internationalen und interdisziplinären Forschungsprojekten, für die beispielhaft der an der Universität Kiel bis 1999 laufende Sonderforschungsbereich (SFB) 313 genannt sei (Schäfer et al., 2001).

Der moderne Golfstrom/Nordatlantische Drift und ihre saisonalen Wechsel

Das Grundmuster der Zirkulation der ozeanischen Oberflächenwasser-massen im NE Atlantik und im Europäischen Nordmeer ist seit den Tagen Fridtjof Nansens und der frühen norwegischen Ozeanographen seit dem Ende des 19. Jahrhunderts bekannt (Johannessen, 1986; Legutke, 1991). Das grossräumige, zyklonale Zirkulationsmuster im Europäischen Nord-meer wird vom Einstrom arktischer kalter und relativ brackischer Wasser-massen durch die Framstraße aus dem Norden, sowie relativ warmer und salzreicher Wässer der vom Golfstrom gespeisten Nordatlantischen Drift aus dem Süden getrieben. Im zentralen Grönlandbecken ostwärts des Pack-eisbedeckung kühlen salzreiche Oberflächenwassermassen zeitweise so stark ab, dass sie aufgrund ihrer vergleichsweise hohen Dichte bis zum Beckenboden absinken und die Tiefseebecken des Europäischen Nordmee-res auffüllen können, bis sie über die Rinnen der Dänemarkstrasse und des Faröer-Shetland-Kanals in den tiefen N Atlantik abfließen und dort zur Bildung des Nordatlantischen Tiefenwassers beitragen. Neben starken sai-sonalen Schwankungen ist heute auch bekannt, dass das gesamte Zirkulati-onsmuster dekadischen Veränderungen unterliegt.

Historische Veränderungen und das Holozän

Historische Berichte über die Veränderungen der Meereisverbreitung im Europäischen Nordmeer sowie das nach wie vor ungeklärte Schicksal der mittelalterlichen Wikingersiedlungen in Südgrönland (Lamb, 1979), sind bereits von Fridtjof Nansen und Alfred Wegener diskutiert worden und als Hinweise auf kurzfristige Klimänderungen gedeutet worden. Hochauflö-sende Paläoklimadaten für das Holozän können neben vielen marinen und limnischen Sedimentkernen vor allem aus den grönländischen Eiskernen abgeleitet werden. Von einem relativ kalten „event" im frühesten Holozän abgesehen war das Klima in der nacheiszeitlichen Warmzeit relativ stabil, mit einem deutlich ausgebildeten Klimaoptimum im mittleren Holozän, das aber regional zu etwas unterschiedlichen Zeiten aufgetrat. Ein Golfstromsy-stem des Typs, wie wir es heute kennen, muss während der gesamten Zeit existiert haben, vielleicht mit leichten Modifikationen des durch die Zu-fuhr von Süßwasser in den norwegischen Küstenregionen gebildeten sog. Norwegischen Küstenstroms.

Glazial-interglaziale Veränderungen

Das Nordpolarmeer war während des jüngeren Quartärs weitestgehend kontinuierlich mit Meereis bedeckt (Spielhagen et al., 2004), erlebte aber Phasen erhöhten Eintrages von grobem terrigenem Schutt zu Zeiten der grössten Ausdehnung von Eisschilden auf den benachbarten Kontinenten, als die dynamischen Teile der Eisschilde in rascher Bewegung waren und daher zahlreiche Eisberge produzierten. Die Geschichte des Europäischen Nordmeeres war zwar auch durch überwiegend kalte, meist auch im östlichen Gebiet zumindest teilweise mit Meereis bedeckten Wassermassen geprägt, ihr Einfluss wurde jedoch in der Regel zu Zeiten der Interglaziale (Bauch et al., 1996) durch die Entwicklung eines in das Europäische Nordmeer reichenden Ausläufers eines „warmen" Golfstromsystems unterbrochen. Im Einzelnen konnten diese Ereignisse sich nach Ausprägung und Intensität deutlich voneinander unterscheiden, sie wiederholten sich jedoch regelmässig in Abständen von ca. 100.000 Jahren, da die paläo-ozeanographische Geschichte des Europäischen Nordmeeres durch die Milankovitch-Zyklen der Orbitalparameter gesteuert wurde. Es waren also jeweils relativ kurze Ereignisse (ca. 10.000 Jahre), die von langen Zeiträumen mit überwiegend kalten Oberflächenwassermassen getrennt wurden.

Die Entwicklung des Golfstromsystems im Tertiär und seine frühquartäre Veränderlichkeit

Durch die Tiefseebohrungen auf dem Vöring-Plateau vor Westnorwegen (Thiede et al., 1989) ist es gelungen, den Einfluss eines „warmen" Ausläufers des Golfstromsystems im östlichen Europäischen Nordmeer bis in das frühe Quartär und das späte Tertiär zurückzuverfolgen. Die ersten Spuren von eistransportiertem grobem, terrigenem Detritus können bis in das späte Miozän zurückverfolgt werden, im frühen Pliozän kam es zu einer schnellen Zunahme des Eintrags, und die Oberflächenwassermassen waren langfristig zumindest durch eine saisonale Eisbedeckung geprägt. Wie im späten Quartär kam es nur selten zum Einstrom relativ warmer Oberflächenwassermassen aus dem Nordöstlichen Nordatlantik. In den letzten 2,5-3 Mio. Jahren wurde das östliche Europäische Nordmeer dagegen von 26 grossen Klimaereignissen betroffen, in denen Eisberge grosse Mengen eistranportierten Materials herantransportierten, die nach der Zusammensetzung des Materials vor allem von einzelnen Segmenten der nordwesteuropäischen Eisschilde kamen. Die Existenz eines „warmen" Ausläufers eines

Golfstromsystems, der große Mengen von Wärme in höchste nördliche Breiten transportierte, war also auch damals eine grosse Ausnahme.

Schlussfolgerungen

1. Der Golfstrom und die Nordatlantische Drift transportieren heute unter dem Einfluss der herrschenden Windsysteme und geführt von den NW europäischen Kontinentalrändern zu allen Jahreszeiten große Mengen von Wärme in höchste nördliche Breitengrade, die vor Europa für ganzjährig eisfreie Verhältnisse und in Nordwesteuropa für ein gemässigtes Klima mit milden Wintern sorgt.

2. Aus geschichtlichen Quellen (Grönland, Island) kann abgeleitet werden, dass das Golfstromsystem im Holozän nicht nur schnellen saisonalen, sondern auch längerfristigen Veränderungen (z. B. kleine Eiszeit) unterlag, die zu einer schnellen und im Verhältnis zu heute grossräumigen Eisbedeckung und einer entsprechenden Reduktion der Wärmezufuhr des Europäischen Nordmeeres führen konnten.

3. Die glazial-interglazialen Wechsel der Paläo-Ozeanographie der Oberflächenwassermassen des NE Atlantiks und des europäischen Nordmeeres sind durch die starke Steuerung durch die Orbitalparameter geprägt. Eine Wärmezufuhr von der Art, die mit dem heutigen, echten Golfstromsystem und seinen nördlichen Ausläufern verglichen werden kann, gab es nur in den ausgeprägten Interglazialen oder Teilen von ihnen in der zeitlichen Nähe der Klimaoptima, also über vergleichweise kurze Zeiträume (Größenordnung von ca. 10.000 Jahren), während der überwiegende Teil der Zeit durch einen glazialen Zirkulationsmodus der Oberflächenströmungen gesprägt wurde, die zu einem Abdrehen des Golfstromes nach Süden westlich des zentraleuropäischen Kontinentalrandes geführt hat.

4. Tiefseebohrungen auf dem Vöring-Plateau vor Zentral-Mittelnorwegen dokumentieren eine überwiegend glaziale Paläo-Ozeanographie des östlichen Europäischen Nordmeeres seit dem jüngeren Miozän, die sich zwar schnell verändern konnte, die aber nur durch kurzfristige Phasen der Existenz von Ausläufern des Golfstromsystems unterbrochen wurde.

5. Es ist klar, dass sich ein Golfstromsystem mit seinen nördlichen Ausläufern nur selten und über geologisch relativ kurze Zeiträume entwickeln konnte. Zur Sicherung unserer eigenen Zukunft in NW Europa ist es daher von großer Bedeutung, die Prozesse zu identifizieren, die die glazial-interglazialen Wechsel dieses Zirkulationsregimes der ozeanischen Ober-

flächenmassen erzwingen, welche gegebenenfalls zur Stabilität des heutigen Systems beitragen bzw. den Übergang von dem interglazialen zum glazialen Zirkulationsmodus einleiten. Sie sind Teile eines globalen, sich verändernden Klimasystems, das über dem hier behandelten Segment der nördlichen Hemisphäre in den Interglazialen zu einer regionalen Anomalie einer hohen Wärmezufuhr in höchste nördliche Breiten geführt hat, die schnell entstehen, aber auch schnell wieder verschwinden kann, und von deren zukünftiger Persistenz unser Wohlergehen unmittelbar abhängig ist.

Literatur

Bauch, H. A. / Erlenkeuser, H. / Grootes, P. M. / Jouzel, J. [1996]. Implications of stratigraphic and paleoclimatic recoreds of the last interglaciation from the Nordic Seas. Quat. Res., 46 (3): 260-269.

Johannessen, O. M. [1986]. Brief overview of the physical oceanography. In: The Nordic Seas, B. G. Hurdle (Hrsg.), Springer Verlag (Heidelberg), S. 103-127.

Lamb, H. H. [1979]. Climatic variation and change in the wind and ocean circulation: the Little Ice Age in the Northeast Atlantic. Quat. Res., 11: 1-20.

Legutke, S. [1991]. A numerical investigation of the circulation in the Greenland and Norwegian Sea. J. Phys. Oceanogr., 21: 118-148.

Schäfer, P. / Ritzrau, W. / Schlüter, M. / Thiede, J. (Hrsg.) [2001]. The Northern North Atlantic – A Changing Environment. Springer-Verlag (Berlin–Heidelberg), 500 S.

Spielhagen, R. F. / Baumann, K.-H. / Erlenkeuser, H. / Nowaczyk, N. R. / Nørgaard-Pedersen, N. / Vogt, C. / Weiel, D. [2004]. Arctic Ocean deep-sea record of Northern Eurasian ice sheet history. Quat. Sci. Rev., 23 (11-13): 1455-1483.

Thiede, J. / Eldholm, O. / Taylor, E. [1989]. Variability of Norwegian-Greenland Sea paleoceanography and Northern Hemisphere paleoclimate. Sci. Res. Ocean Drill. Proj., 104: 1067-1118.

Geowissenschaften und Gesellschaft

Resümee über das Jahr der Geowissenschaften 2002

Gerold Wefer

Nach dem Jahr der Physik 2000 und dem Jahr der Lebenswissenschaften 2001 fand 2002 das Jahr der Geowissenschaften statt. In vier Zentralveranstaltungen in Berlin, Leipzig, Köln und Bremen (Wissenschaftssommer) sowie 13 Groß- und vielen Regionalveranstaltungen in zahlreichen Städten Deutschlands stellten die Geowissenschaften den Bürgern ihre Arbeit vor, z. T. in Verbindung mit Kongressen wie der Jahrestagung der Gesellschaft Deutscher Naturforscher und Ärzte oder der Deutschen Gesellschaft für Geographie. Initiiert wurden auch bundesweite Serien- und Schwerpunktveranstaltungen wie Tag der Erde, der Tag des Geotops, das Geotheater oder das Geoschiff. Je nach Zählweise fanden im Jahr der Geowissenschaften bis zu 2500 Veranstaltungen statt. Zudem wurden die ersten vier Geoparks eingerichtet.

Insgesamt besuchten über 750.000 Bürger die vielfältigen Veranstaltungen. An den unterschiedlichen Programmen der vier Zentralveranstaltungen nahmen jeweils zwischen 35.000 und 80.000 Besucher teil. Besonders erfolgreich war die Ausstellung „Abenteuer Meeresforschung" an Bord des „Geoschiffs". Es lief 62 Städte an und zog gut 117.000 Besucher (Tagesdurchschnitt: 800!) an. Als sehr erfolgreich hat sich auch der Webauftritt www.planeterde.de mit etwa 20.000 Nutzern pro Monat erwiesen.

Die Geowissenschaften haben die Chance des Wissenschaftsjahres genutzt, ihre Öffentlichkeitsarbeit auszudehnen und Erfahrungen zu sammeln, um auch in den nächsten Jahren ihre Anliegen der Bevölkerung zu vermitteln. Diese Erfahrungen müssen genutzt werden, um noch gezielter regelmäßig über Ergebnisse und Zielsetzungen der Geowissenschaften zu berichten. Dabei sollte ein Zielgruppenkonzept verfolgt werden. Wichtige Zielgruppen sind z. B. die allgemeine Öffentlichkeit, Journalisten, Schülern/Schülerinnen und Lehrern/Lehrerinnen sowie Entscheidungsträger in Politik und Wirtschaft. Sichergestellt werden muss dabei eine langfristige Wirkung der Öffentlichkeitsarbeit, die in Form von Broschüren, CD-ROMs, Filmen usw. erreicht werden kann.

Neben diesen externen Wirkungen des Geojahres sollten die internen Auswirkungen auf die geowissenschaftliche Gemeinschaft nicht vergessen werden. Bedingt durch die Vielzahl der Veranstaltungen wurden ungezählte Geowissenschaftler aktiv und intensiv in den Kommunikationsprozess zwischen Wissenschaft und Öffentlichkeit einbezogen. Dies gilt zumal für jüngere Wissenschaftler im Mittelbau. Eine Sensibilisierung für die Belange der Öffentlichkeitsarbeit und damit eine nachhaltige Wirkung des Geojahres ist hier am ehesten zu erwarten.

174

Fossile Kohlenwasserstoffe

Dietrich H. Welte

Die Entwicklung der Geowissenschaften ist in den letzten 50 Jahren ganz nachhaltig von der Suche nach und Gewinnung von fossilen Kohlenwasserstoffen beeinflusst worden. Dazu gehören unter anderem die systematische Verbesserung und Weiterentwicklung geophysikalischer Methoden (2D-Seismik, 3D-Seismik, seismische Interpretationstechniken, Loggingtechniken etc.), die Sequenzstratigrahie (Stichwort: Meeresspiegelschwankungen etc.) und die seismische Stratigraphie, um nur einige zu nennen. Weiterhin sind hier zu erwähnen weite Bereiche der Organischen Geochemie (z.B. Biomarkerkonzepte, Pauschalkinetik etc.) und vor allem die Entwicklung und Etablierung der numerischen Simulation geologischer Prozesse. Letztgenannte wurde zum unersetzlichen, dritten methodischen Standbein der Geowissenschaften, neben der Naturbeobachtung und dem Laborexperiment.

Erdöl/Erdgas und Energiepolitik

Fossile Kohlenwasserstoffe waren in den letzten 50 Jahren weltweit der wichtigste Energieträger und werden dies in den nächsten 50 Jahren auch bleiben. Aufgrund der heutigen weltweiten Reserve- und Ressourcen-Situation mit einer Reichweite von Erdöl und Erdgas von 50+ Jahren und der gegebenen, weltweiten Nutzungsinfrastruktur, ist diese Aussage sehr gut begründet. In 10 bis 20 Jahren von heute kann mit einer Überschreitung des Fördermaximum (depletion midpoint) gerechnet werden, bei Erdöl deutlich früher als bei Erdgas. Damit ist langfristig eine Preiserhöhung von Erdöl und Erdgas vorprogrammiert. Die weltweit ungleiche Verteilung der Kohlenwasserstoffvorräte macht eine gesicherte Energieversorgung, speziell für ein Importland wie Deutschland, zu einem Politikum allerersten Ranges. Auch Geowissenschaftler tragen hier Verantwortung, selbst wenn

175

sie nicht in direkter politischer Verantwortung stehen. Seit dem 1. Weltkrieg ist Energiepolitik auch Weltpolitik und kein Industrieland darf sich heute ungestraft dieser Erkenntnis verschliessen.

Eine sinnvolle und von der Bundesregierung getragene Energiestrategie hinsichtlich der fossilen Kohlenwasserstoffe ist unverständlicherweise nicht zu erkennen. Die gegenwärtige Absage an die Kernenergie ist aus energiewirtschaftlichen und klimapolitischen Überlegungen nicht nachvollziehbar. Die hochgehandelten und politisch aufgewerteten „erneuerbaren" Energien, so sinnvoll sie in einem begrenzten Rahmen sein mögen, sind definitiv nicht die Lösung des Problems. Die Entscheidung für einen realistischen anpassungsfähigen Energiemix ist dringlicher denn je.

Erdöl/Erdgas und Geowissenschaften

Die Erkenntnis, dass fossile Kohlenwasserstoffe für mindestens ein weiteres halbes Jahrhundert ein überaus wichtiger, oder sogar der Hauptenergieträger bleiben werden, ist auch bedeutungsvoll für die Zukunft der Geowissenschaften. Diese Bedeutung liegt vorwiegend in drei verschiedenen Bereichen, in Forschung und Lehre, in der Wirtschaft und im gesellschaftlich-politischen Bereich. Die von der internationalen Erdölindustrie prognostizierte Reduktion der Gestehungskosten von Erdöl, von derzeit etwa 8-10 $/Barrel auf ein Niveau von etwa 4-5$/Barrel, ist nur mit einer verbesserten Aufsuchungs- und Gewinnungstechnik möglich. Die wichtigsten Kostenelemente in der Explorations-Produktion sind z.Zt. der Erwerb von Konzessionen und die Bohrungstätigkeit. Die Forschung ist daher gefragt, das Explorations-/Produktionsrisiko zu vermindern und eine präzisere Bewertung von Reserven und Ressourcen zu gewährleisten. Die Verfügbarkeit einschlägiger, international wettbewerbsfähiger Forschungskompetenz an mehr als einem Standort in Deutschland und deren direkte Zusammenarbeit mit der Industrie sind deshalb notwendig. Die Verankerung in der Hochschullehre ist ebenfalls zwingend.

In der Vergangenheit wurden sowohl die Bewertung von Reserven und Ressourcen als auch die Betrachtung von Unsicherheiten im wesentlichen auf der Basis einer statistischen Analyse von Erfahrungswerten aus Aufsuchung und Gewinnung durchgeführt. Die jüngsten Fortschritte in der numerischen Simulation geologischer Prozesse erlauben es, sowohl die Bewertung von Reserven und Ressourcen als auch die Bewertung der geologischen Unsicherheitsfaktoren auf eine neue, verbesserte Grundlage zu stellen. Der Grund dafür ist einfach, aber für die Ergebnisse von großer Bedeutung. In der Vergangenheit wurden auf der Basis von weltweiten Klassifikationen von Sedimentbecken und der für Kohlenwasserstoffvorkommen wichtigen Einflussparameter Statistiken erstellt, um die Wahrscheinlichkeit von größeren und kleineren Lagerstätten zu ermitteln. Das heißt, die durch das Prozessgeschehen (Bildung der Kohlenwasserstoffe, Migration und Akkumulation) miteinander verknüpften Einflussparameter wurden isoliert und unabhängig voneinander betrachtet.

Das neue verbesserte Verständnis einschlägiger geologischer Prozesse hingegen, deren Quantifizierung und numerische Simulation, betrachten die in Wechselwirkung verknüpfte Prozesskette und erlauben daher eine maßgeschneiderte Einzelprognose für jede Fallstudie. Diese Vorgehensweise erlaubt in Verbindung mit der Vorhersage der Produktmenge (Erdöl und Erdgas) und der Produktqualität, unter Einbeziehung finanzieller Aspekte, auch eine bessere Abschätzung des Gesamtrisikos im „Upstream-Bereich".

„North Slope", Alaska – ein Beispiel für eine moderne Ressourcen-Studie

Als Beispiel für eine moderne, dynamische Betrachtungsweise des Reserve- und Ressourcenpotentials der Kohlenwasserstoffe und einer einschlägigen Bewertung der Unsicherheiten soll der „North Slope" in Alaska vorgestellt werden. Dies sind die ersten Ergebnisse einer Studie, die z.Zt. vom United States Geological Survey mit dem IES-Software-Paket PetroMod erstellt wird. Die Eingabe aller einschlägigen Daten in ein 3D-Netzwerk und die Erstellung eines geologischen Konzeptmodells der betreffenden Region ist der erste Schritt der Bearbeitung. Im zweiten Schritt erfolgt die Kalibration wichtiger Parameter wie z.B. Druck und Temperatur. Im dritten Schritt wird die geologische Prozess-Simulation der Kohlenwasserstoffgenese, der Migration und Lagerstättenbildung durchgeführt. Dies kann inzwischen nahezu übergangslos von der Dimension eines Sedimentbeckens bis zum kleinräumigen Feld oder sogar Reservoir geschehen. Für alle wichtigen Parameter kann eine Aussage zur Wahrscheinlichkeit oder Vertrauensbreite gemacht werden. In Abb. 1 ist die Wahrscheinlichkeit dargestellt, mit der in einer bestimmten Lagerstätte im North Slope, welche Gasmengen erwartet werden können. Aussagen dieser Art sind für Management-Entscheidungen äußerst wichtig.

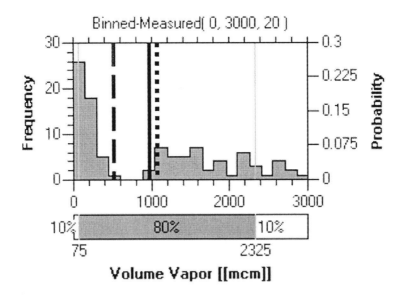

Abb. 1: Gasvoluminaverteilung einer Akkumulationen im Alaska North
Slope, in Abhängigkeit der variierten Parameter (Kinetiken, Ero-
sionsmächtigkeiten).

Die gestrichelte Linie repräsentiert den P_{50}-Wert (Median), die durchgezo-
gene Linie den Mean-Wert (P_{mean}) und die gepunktete Linie den Master
Run (das „best fit model").

Gezeigt wird der Vertrauensbereich („confidence interval") von P_{10} bis P_{90}.
Für P_{10}, P_{50} und P_{90} zeigen sich verschiedene Gas-Füllmengen der Lagerstätte, die direkt in eine Wirtschaftlichkeitsstudie einfliessen können. So
beträgt die mittlere zu erwartende Menge in diesem Beispiel 925 mcm.

Schlussfolgerung

Die modernen Geowissenschaften werden sich in zunehmendem Maße mit
dem Instrument der numerischen Simulation von Geoprozessen befassen.
Diese ist das geeignete Instrument, um die komplexen Wechselwirkungen
geologischer Prozesse einigermaßen quantitativ erfassen zu können. Außerdem erlaubt die numerische Simulation unsichere Geodaten in ihrer
Vertrauensbreite zu beurteilen.

In der internationalen Erdölindustrie sind die Anwendungen der Prozess-Simulation, die Analyse der Vertrauensbreite von Geodaten und die nachfolgende Risikobetrachtung bereits gut etabliert und am weitesten entwikelt. Diese Verfahrensweise führt neben einer Straffung der Arbeitsflüsse auch zu einer erheblichen Kosteneinsparung. Sie fördert zwangsläufig neben einer Integration der verschiedenen Geodisziplinen auch eine Betonung der Basisfächer Chemie, Physik und Mathematik. Die geowissenschaftlichen Erkenntnisse aus der Kohlenwasserstoff-Forschung sind von Bedeutung für wirtschaftliches und politisches Handeln bei Energie-, Wasser-, Rohstoff- und Umweltangelegenheiten. Durch die Etablierung der geologischen Prozess-Simulation wird ein wichtiger Beitrag geleistet für die „Öffnung" der Geowissenschaften zu anderen naturwissenschaftlichen Disziplinen und Berufsfeldern. Für die Zukunft der Geowissenschaften ist dies alles bedeutsam.

Herausgeber- und Autorenverzeichnis

BAUCH, Dr. Henning A., Akademie der Wissenschaften und der Literatur, Mainz, und Leibniz-Institut für Meereswissenschaften Kiel, Wischhofstr. 1–3, 24148 Kiel, E-mail: hbauch@ifm-geomar.de

BOHRMANN, Prof. Dr. Gerhard, FB5 Universität Bremen, Forschungszentrum „Ozeanränder", Postfach 330 440, 28334 Bremen
E-mail: gbohrmann@uni-bremen.de

BORM, Prof. Dr. Günter, GeoForschungsZentrum Potsdam, Telegrafenberg, 14473 Potsdam, E-mail: gborm@gfz-potsdam.de

CONRAD, Prof. Dr. Ralf, Max-Planck-Institut für terrestrische Mikrobiologie, Karl-von-Frisch-Str., 35043 Marburg
E-mail: conrad@staff.uni-marburg.de

EISSMANN, Prof. Dr. Lothar, Sächsische Akademie der Wissenschaften zu Leipzig, Karl-Tauchnitz-Straße 1, 04107 Leipzig

EMMERMANN, Prof. Dr. Rolf, GeoForschungsZentrum Potsdam, Telegrafenberg, 14473 Potsdam, E-mail: emmermann@gfz-potsdam.de

FRANKENBERG, Prof. Dr. Peter, Ministerium für Wissenschaft, Forschung und Kunst Baden-Württemberg, Königstr. 46, 70173 Stuttgart
E-mail: peter.frankenberg@mwk.bwl.de

FRENZEL, Prof. Dr. Dr. h.c. Burkhard, Institut für Botanik 210 der Universität Hohenheim, Garbenstraße 30, 70599 Stuttgart
E-mail: bfrenzel@uni-hohenheim.de

FRITZ, Prof. Dr. Peter, UFZ-Umweltforschungszentrum Leipzig-Halle GmbH, Permoser Str. 15, 04318 Leipzig, E-mail: gf@gf.ufz.de

FURRER, Prof. Dr. Gerhard, Am Leisibühl 45, CH-8044 Gockhausen, Schweiz

GRASSL, Prof. Dr. Hartmut, Max-Planck-Institut fuer Meteorologie, Bundesstrasse 55, 20146 Hamburg, E-mail: office.grassl@dkrz.de

GRÜNTHAL, Dr. Gottfried, GeoForschungsZentrum Potsdam, Telegrafenberg, 14473 Potsdam, E-mail: ggrue@gfz-potsdam.de

HARJES, Prof. Dr. Hans-Peter, Ruhr-Universität Bochum, Institut für Geologie, Mineralogie und Geophysik, 44780 Bochum,
E-mail: harjes@geophysik.ruhr-uni-bochum.de

HASINGER, Prof. Dr. Günther, Max-Planck-Institut für extraterrestrische Physik, Postfach 1312, 85741 Garching
E-mail: ghasinger@mpe.mpg.de

HERM, Prof. Dr. Dietrich, Römerstr. 20c, 82049 Pullach,
E-mail: d.herm@lrz.uni-muenchen.de

HUBBERTEN, Prof. Dr. Hans-Wolfgang, Alfred-Wegener-Institut für Polar- und Meeresforschung, Forschungsstelle Potsdam, Telegrafenberg A43, 14473 Potsdam, E-mail: hubbert@awi-potsdam.de

JÖRIS, Dr. Olaf, Forschungsbereich Altsteinzeit des Römisch-Germanischen Zentralmuseums, Schloss Monrepos, 56567 Neuwied
E-mail: joeris.monrepos@rz-online.de

JØRGENSEN, Prof. Dr. Bo Barker, Max-Planck-Institut für marine Mikrobiologie, Celsiusstraße 1, 28359 Bremen
E-mail: bjoergen@mpi-bremen.de

KELLER, Prof. Dr. Jörg, Institut fuer Mineralogie, Petrologie und Geochemie der Universität Freiburg, Albertstr. 23b, 79104 Freiburg
E-mail: Joerg.Keller@minpet.uni-freiburg.de

KOSINOWSKI, Dr. Michael, Bundesanstalt für Geowissenschaften und Rohstoffe, Niedersächsisches Landesamt für Bodenforschung, Stilleweg 2, 30655 Hannover, E-mail: m.kosinowski@bgr.de

LAMBECK, Prof. Dr. Kurt, Research School of Earth Sciences, The Australian National University, Canberra, 0200, Australia,
E-mail: Kurt.Lambeck@anu.edu.au

LEMKE, Prof. Dr. Peter, Alfred-Wegener-Institut für Polar- und Meeresforschung, Postfach 120161, 27515 Bremerhaven
E-mail: plemke@awi-bremerhaven.de

NEGENDANK, Prof. Dr. Jörg, GeoForschungsZentrum Potsdam Telegrafenberg, 14473 Potsdam, E-mail: neg@gfz-potsdam.de

OLLIG, Reg.-Dir. Reinhold, Bundesministerium für Bildung und Forschung, 53170 Bonn, E-mail: reinhold.ollig@bmbf.bund.de

PLATE, Prof. Dr. Dr. h.c. Erich, Universität Karlsruhe (TH), Institut für Wasserwirtschaft und Kulturtechnik, Kaiserstraße 12, 76128 Karlsruhe,
E-mail: erich.plate@bau-verm.uni-karlsruhe.de

SCHWARZ, Dr.-Ing. Joachim, Alter Achterkamp 74b, 22927 Großhansdorf, E-mail: schwarz.gmt@t-online.de

SEIBOLD, Prof. Dr. Dr. h.c. Eugen. Richard-Wagner-Straße 56, 79104 Freiburg, E-mail: seibold-freiburg@t-online.de

SPIELHAGEN, Dr. Robert F., Akademie der Wissenschaften und der Literatur, Mainz, und Leibniz-Institut für Meereswissenschaften Kiel, Wischhofstr. 1–3, 24148 Kiel, E-mail: rspielhagen@ifm-geomar.de

STOTTMEISTER, Prof. Dr. Ulrich, UFZ Umweltforschungszentrum Leipzig-Halle, Permoserstr. 15, 04318 Leipzig, E-mail: stottmei@san.ufz.de

STRIBRNY, Prof. Dr. Bernhard, Landesamt für Geologie, Rohstoffe und Bergbau, Freiburg, Albertstr. 5, 79104 Freiburg i. Br.
E-mail: stribrny@lgrb.uni-freiburg.de

THIEDE, Prof. Dr. Dr. h.c. Jörn, Alfred-Wegener-Institut für Polar- und Meeresforschung, Postfach 120161, 27515 Bremerhaven
E-mail: jthiede@awi-bremerhaven.de

WEDEPOHL, Prof. Dr. Karl Hans, Geochemisches Institut, Goldschmidtstraße 1, 37077 Göttingen
E-mail: hans.wedepohl@geo.uni-goettingen.de

WEFER, Prof. Dr. Gerold, Universität Bremen – FB Geowissenschaften, Postfach 330 440, 28334 Bremen
E-mail: gwefer@allgeo.uni-bremen.de

WELLMER, Prof. Dr.-Ing. Dr. h.c. mult. Friedrich-Wilhelm, Bundesanstalt für Geowissenschaften und Rohstoffe, Niedersächsisches Landesamt für Bodenforschung, Stilleweg 2, 30655 Hannover
E-mail: f.wellmer@bgr.de

WELTE, Prof. Dr. Dr. h.c. Dietrich H., IES Gesellschaft für Explorationssysteme mbH, Bastionstr. 11-19, 52428 Jülich, E-mail: d.welte@ies.de

WINIGER, Prof. Dr. Matthias, Geographisches Institut der Universität Bonn, Meckenheimer Allee 166, 53115 Bonn
E-mail: winiger@giub.uni-bonn.de

ZINTZEN, Prof. Dr. Clemens, Akademie der Wissenschaften und der Literatur, Mainz, Geschwister Scholl-Str. 2, 55131 Mainz
E-mail: juliane.klein@adwmainz.de